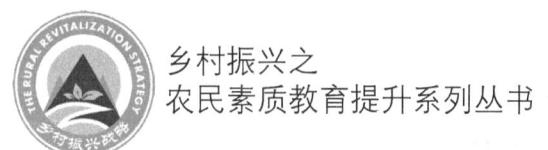
乡村振兴之
农民素质教育提升系列丛书

汽车维修工

易安康 主编

中国农业科学技术出版社

图书在版编目（CIP）数据

汽车维修工 / 易安康主编. —北京：中国农业科学技术出版社，2020.7 (2021.7重印)

（乡村振兴之农民素质教育提升系列丛书）

ISBN 978-7-5116-4880-8

Ⅰ.①汽… Ⅱ.①易… Ⅲ.①汽车-车辆修理 Ⅳ.①U472.4

中国版本图书馆 CIP 数据核字（2020）第 130801 号

责任编辑	周 朋 徐 毅
责任校对	贾海霞
出 版 者	中国农业科学技术出版社 北京市中关村南大街 12 号　邮编：100081
电　　话	（010）82106631（编辑室）　（010）82109702（发行部） （010）82109709（读者服务部）
传　　真	（010）82106631
网　　址	http://www.castp.cn
经 销 者	各地新华书店
印 刷 者	北京建宏印刷有限公司
开　　本	850 mm×1 168 mm　1/32
印　　张	4.5
字　　数	98 千字
版　　次	2020 年 7 月第 1 版　2021 年 7 月第 3 次印刷
定　　价	20.00 元

◢◤ 版权所有·翻印必究 ◥◣

《汽车维修工》
编委会

主　编　易安康

副主编　李建华

前　　言

汽车维修工是对汽车进行维护、修理和调试的技术工人。随着汽车数量的迅速增长，汽车维修工的需求量也越来越大。为了满足汽车维修工职业技能培训以及职业技能鉴定需要，我们组织了全国各地具有扎实的汽车维修理论知识的教师和具有丰富实践经验的汽车维修技术人员，在总结职业资格培训、考核和职业技能鉴定工作经验的基础上，共同编写了本书。

本书共四章，分别为汽车修理基础知识、汽车发动机维修、汽车底盘维修、汽车电气设备维修，内容全面、语言通俗、图文并茂，突出了职业特色，具有较强的针对性和可操作性。本书可作为汽车维修工培训教材，也可供汽车专业师生和从事汽车设计制造、汽车运输管理、汽车维修管理的工程技术人员参考学习。

由于时间仓促，水平有限，书中难免存在不足之处，欢迎广大读者批评指正。

编　者
2020年4月

目　　录

第一章　汽车修理基础知识 ⋯⋯⋯⋯⋯⋯⋯⋯ 1
- 第一节　摩擦 ⋯⋯⋯⋯⋯⋯⋯⋯⋯⋯⋯⋯⋯⋯⋯ 1
- 第二节　磨损 ⋯⋯⋯⋯⋯⋯⋯⋯⋯⋯⋯⋯⋯⋯⋯ 4
- 第三节　汽车典型零件的磨损规律 ⋯⋯⋯⋯⋯⋯ 8
- 第四节　汽车技术状况的变化和故障 ⋯⋯⋯⋯⋯ 11
- 第五节　汽车技术状况的诊断 ⋯⋯⋯⋯⋯⋯⋯⋯ 13
- 第六节　汽车修理制度及送修标志 ⋯⋯⋯⋯⋯⋯ 19
- 第七节　汽车的解体与清洗 ⋯⋯⋯⋯⋯⋯⋯⋯⋯ 21
- 第八节　零件的探伤与检查分类 ⋯⋯⋯⋯⋯⋯⋯ 26
- 第九节　汽车零件的修复 ⋯⋯⋯⋯⋯⋯⋯⋯⋯⋯ 31

第二章　汽车发动机维修 ⋯⋯⋯⋯⋯⋯⋯⋯⋯ 44
- 第一节　零件检验与分类 ⋯⋯⋯⋯⋯⋯⋯⋯⋯⋯ 44
- 第二节　汽缸盖与配气机构检修 ⋯⋯⋯⋯⋯⋯⋯ 55
- 第三节　汽缸体与曲轴连杆机构检修 ⋯⋯⋯⋯⋯ 57
- 第四节　电控燃油喷射系统检修 ⋯⋯⋯⋯⋯⋯⋯ 67
- 第五节　冷却润滑系统检修 ⋯⋯⋯⋯⋯⋯⋯⋯⋯ 75
- 第六节　点火系统维修 ⋯⋯⋯⋯⋯⋯⋯⋯⋯⋯⋯ 83

第三章　汽车底盘维修 …………………………………… 91
第一节　离合器检修 …………………………………… 91
第二节　手动变速器检修 ……………………………… 95
第三节　自动变速器检修 ……………………………… 103
第四节　驱动桥检修 …………………………………… 106
第五节　万向传动装置检修 …………………………… 110
第六节　机械转向器检修 ……………………………… 113
第七节　悬架系统检修 ………………………………… 118
第八节　车轮定位检查与调整 ………………………… 120
第九节　驻车制动器维修 ……………………………… 125

第四章　汽车电气设备维修 ……………………………… 130
第一节　启动机检修 …………………………………… 130
第二节　发电机检修 …………………………………… 132
第三节　空调制冷系统检修 …………………………… 133

参考文献 …………………………………………………… 136

第一章 汽车修理基础知识

第一节 摩 擦

摩擦是产生在相互运动零件表面之间的一种机械咬合现象,磨损是摩擦的结果。在机械运动中,绝大多数的摩擦是有害的。

一、固体摩擦的基本理论

零件摩擦是指零件相对运动时,在其接触面上产生的阻止这种相对运动的现象。阻止相对运动的力称为摩擦力。

两个零件接触表面并非绝对平整光滑,而是有微小的凹凸。因此,接触仅仅是在凸出点上,实际的接触面积很小,这致使接触点的接触应力很大,往往会超过材料的屈服极限从而引起接触点金属产生塑性变形。在滑动摩擦中,不仅摩擦副较硬一方的凸点会压入较软的一方,拉成沟槽,而且会产生大量的热。由于零件表面直接接触,没有任何润滑介质,所以把这种摩擦称为固体摩擦或干摩擦。这种摩擦消耗的摩擦功较大并伴有强烈的磨损。因而除了有意利用干摩擦的特殊情况外，人们是不希望发生干摩擦的。在汽车上只有3处利用这种摩擦，即离合器摩擦片与离合器压板和飞轮间的摩擦、蹄片和制动鼓间的摩擦，以及手制动蹄片与手制动盘面的摩擦。

二、润滑油作用下的摩擦

一般运动零件的摩擦基本上是在润滑状态下发生的。根据零件的工作条件不同及对润滑要求的不同，润滑油作用下的摩擦形式也有所不同。

1. 液体摩擦

液体摩擦是指两个零件表面被润滑油完全隔开的摩擦。由于两摩擦表面不接触，故摩擦只发生在润滑油液体分子之间。液体摩擦的摩擦系数很小，通常仅为 $0.001 \sim 0.01$。为了维持液体摩擦，除供给润滑油外，还必须注意使摩擦面的大小、形状和间隙等能适应负荷、速度、润滑油性能等条件。

维持液体摩擦的条件是润滑油要具有足够黏度，而且摩擦表面负荷不超过油楔的承载能力，如发动机曲轴轴颈与轴承间留有一定的间隙。当曲轴不运动时，在其两零件间形成楔形间隙；当曲轴转动时，靠润滑油的黏度，润滑油被带着一起移动。此时，与曲轴直接接触的油微粒速度与曲轴的圆周速度相等，而轴承表面的油微粒速度等于零。当润滑油沿着横断面逐渐缩小的楔形间隙流动时，由于断面的减少和油液的压缩性及润滑油黏度和零件表面阻力的影响，油液不能沿轴流出，因而在油层的楔形部分就出现液体将轴抬起的动压力。当曲轴的转速提高时，液体压力也提高，达到一定转速后，流体动压力将克服轴上的载荷，将轴抬起，在曲轴与轴承之间形成高压油层，使曲轴与轴承表面隔开。当降低转速和减小润滑油的黏度或者润滑油从摩擦面间的不密封点流走后，润滑油楔的动压力就可能不足以保证液体摩擦。

2. 边界摩擦

两零件摩擦表面完全被润滑油隔开，摩擦力很小，几乎没有磨损的润滑状态是理想的状态。实际上，在高负荷、低速、高温的条件下，因润滑油黏度下降，油膜逐渐变薄变稀，而两摩擦面的凸起部分仅由一层极薄的油膜隔开，这种摩擦叫边界摩擦。

3. 混合摩擦

以上把零件的摩擦状态分为固体摩擦、液体摩擦和边界摩擦，只是为了论述方便，实际机件在运转中，这3种摩擦是混合存在的。

在汽车的设计、使用、保修中应创造条件尽可能使重要的摩擦副，如轴与轴承、齿轮之间、活塞环与汽缸等，在理想的液体摩擦状态下工作，而避免金属直接接触的固体摩擦，这样就可做到零件的磨损小、使用期限长。

第二节 磨 损

一、零件磨损的过程

组成件的动配合副（或称为摩擦副）的工作表面，由于相互摩擦，零件工作表面逐渐磨耗，其尺寸及几何形状逐渐变化到配合副的工作出现异常现象，这就是零件已经磨损的具体表现。

磨损伴随着摩擦而产生，一般认为磨损情况可分3个过程。

1. 摩擦表面相互作用

零件表面不可能绝对平整光滑，两零件的工作面相互接触时。微观凸凹不平的地方，必然产生相互啮合（嵌入）现象。

2. 摩擦表面产生变化

摩擦副工作面相互接触处，由于压强大、工作温度高（特别在转速高和润滑不良情况下），会产生一定程度的弹性与塑性变形或氧化生成酸性物质，产生腐蚀现象。

3. 摩擦表面出现破坏

摩擦副表面在变化过程中，如承受交变载荷或循环载荷，处于变化区层的金属由于内应力或疲劳的影响，会导致破坏。在局部高温点，会产生熔化黏着以致撕脱现象。

上述磨损的3个过程，并不是绝对并存的，前两个过程经常同时存在,而第三个过程在润滑良好的情况下,并不一定会发生。而一些暴露在空气中的金属零件只产生第二种氧化过程。

二、磨损的种类

磨损可分为以下几种形式。

1. 磨料磨损

磨料磨损是指硬的颗粒夹在摩擦表面所引起的磨损。

摩擦表面之间所剥落的金属微粒,如机械加工后残留的切屑与磨屑,可起研磨切削作用,使摩擦表面受到机械性的损伤。如空气中的尘沙、燃料、润滑油中的夹杂物就会形成磨料。磨料在零件表面可划破油膜,使润滑条件恶劣,加剧磨损。

2. 表面疲劳磨损

在滚动或滚动加滑动摩擦中,在接触应力作用时间较长、交变载荷的反复作用下,零件强度达到极限,裂纹很容易产生。润滑油在滚动压力下楔入裂纹滚动体封闭裂纹口时,堵在裂纹内的油液可产生巨大滚压,迫使裂纹继续发展,最后形成点状剥落,如齿轮、凸轮、滚动轴承座圈的摩擦表面出现的麻点坑洼。

3. 黏着磨损

前面说到的固体摩擦,会使零件表面刻划出沟槽或变形,同时产生大量的热,由于缺乏润滑,这些热量不能散去,接触点的温度上升到熔点而被撕破黏着。如活塞拉缸,这种由于黏着作用使一个零件表面的金属转移到另一个零件表面所引起的磨损称为黏着磨损。零件表面的负荷越大表面温度越高，黏着现象也越严重。

在汽车发动机中黏着磨损的发生，多数是由于配合间隙过小，运动零件走合未达到要求就过早地增大负荷等原因造成的，如曲轴轴颈、凸轮轴凸轮、活塞环与缸壁出现的"咬死""抱瓦"等现象。黏着磨损对零件造成的损伤极为严重，应给予足够的重视。

4. 腐蚀磨损

在摩擦过程中，由于介质的性质、介质的作用与摩擦材料性能的不同，将出现不同的腐蚀磨损。

腐蚀是指零件受周围介质作用而引起的损坏。可分化学腐蚀和电化学腐蚀两种。

（1）化学腐蚀

发动机燃烧过程所产生的二氧化碳、碳氢化合物、硫化物、水分等，在高温下生成酸性物质与缸壁产生化学作用，会造成化学腐蚀，从而加剧摩擦面的损坏。

（2）电化学腐蚀

电化学腐蚀是指金属与介质发生电化学反应而引起的损坏。金属与电解质溶液（酸性电解质）相接触，会形成原电池。电位较低的金属，由于原子分解成为正离子，会使它表面的电子过剩而构成电池的负极，因此负极金属处会遭受腐蚀。

三、磨损特性曲线

汽车零件所处的工作条件不同，引起磨损的程度和因素也不完全一样。但在正常磨损过程中，任何摩擦副的磨损都具有共同的规律，遵循这种磨损变化规律绘制的曲线，称为磨损特性曲线。图 1-1 所示为零件磨损特性曲线。该曲线划分 3 个阶段。

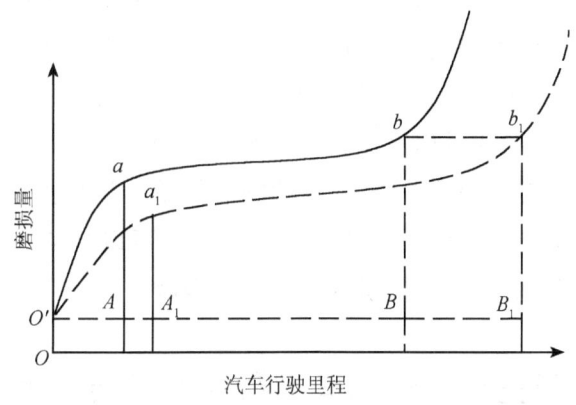

图 1-1　零件磨损特性曲线

第一阶段为磨合时期。此时期（图中 $O'a$，$O'a_1$ 曲线）的特点从曲线可见，零件磨损很快。这是由于新加工零件表面较粗糙，凸凹处产生啮合性磨损，剥落下来的金属微粒就形成磨料磨损。因此，新车和大修后的主要总成（如发动机），必须按照一定的工艺程序和技术要求进行走合期磨合。走合期要求减载、限速和更换润滑油等。此阶段的磨损量决定于修理是否遵循走合期质量和使用规范。

第二阶段为正常工作时期。此时（图中 ab，a_1b_1 曲线）的特点是零件磨损缓慢均匀。这是因为通过磨合时期后，零件的表面质量提高、润滑良好，形成液体摩擦。如果这个阶段使用合理，可以大大延长汽车各总成的使用寿命。

第三阶段为极限磨损时期。此时期（图中 b、b_1 以右的曲线）的特点是零件磨损特别快。这是由于配合副的间隙已超过允许极限，配合副之间产生冲击负荷，润滑油压力降低，油膜遭受破坏，零件磨损急剧上升。这时如不及时调整和修理而继续使用，各总成将转化为事故性的损伤。

从特性曲线可以看出，要延长零件的使用寿命（汽车行驶里程），应设法降低磨合时期的磨损量。如果把磨损量由 Aa 降低到 A_1a_1，那么零件的使用寿命，可以从 $O'B$ 提高到 $O'B_1$，即 BB_1 为该零件所延长的使用寿命。

第三节　汽车典型零件的磨损规律

一、汽缸磨损的规律

汽缸磨损具有一定的规律性。汽缸表面在活塞环的行程内形成不均匀的磨损，沿高度磨成上大下小的锥形，磨损的最大部位是当活塞在上止点时第一道活塞环所对应的缸壁处，活塞环未接触的上口几乎没有磨损。特殊情况下，由于是磨料磨损为主导，汽缸会出现中间大两头小的"腰鼓"形磨损。汽缸沿圆周方向磨损也不均匀，形成不规则的椭圆形，其磨损量相差3~5倍，最大磨损区在汽缸沿高度磨损最大的截面上。各缸随车型、结构及使用条件的不同而不同，但一般的趋势是，最大径向磨损区往往靠近进气门对面。

汽缸磨损的原因错综复杂，主要有以下3种。

1. 润滑条件

汽缸上部润滑条件最差。因为汽缸上部接近燃烧室，高温下润滑油黏度下降，甚至被燃烧掉。另外，各缸上部在进气行程中受新鲜混合气所含油气的冲刷，破坏了汽缸壁上的油膜。所以，汽缸磨损呈锥形或椭圆形。

2. 压力的影响

汽缸上部受到活塞环的压力最大。因为活塞在上止点时，燃烧过程产生的高压气体窜入活塞环的间隙，增大了活塞环对汽缸壁的压力，该压力随活塞下行时汽缸容积的增大而降低，因而造成上部磨损较大。

3. 化学腐蚀

汽缸内的可燃混合气燃烧后产生水蒸气和酸性物质，酸性物质（主要是硫酸）能腐蚀汽缸壁，尤其是在缸壁温度低时，这种腐蚀更严重。

二、曲轴轴颈的磨损规律

1. 连杆轴颈的磨损

连杆轴颈和轴承的径向磨损是不均匀的，最大磨损发生在朝向主轴颈轴线的一面，产生这种不均匀磨损的原因主要是由于曲轴在旋转中连杆轴颈上承受的压力主要集中在轴颈的内侧（即朝向主轴颈中心线的一面），因而使轴颈内侧磨损严重。连杆轴颈沿轴线方向磨损成锥形，但这不是普遍规律，它与连杆轴承与轴颈的结构与润滑方式有关。例如，当通向连杆轴颈的油道是斜的时，润滑油在油道中通过时，油中的机械杂质在曲轴旋转离心力的作用下，使润滑油中的杂质随润滑油由斜面流入轴瓦的一侧，由于机械杂质的偏积使同一轴颈磨损不均匀。此外，连杆弯曲也会引起轴颈的锥形磨损。

2. 曲轴主轴颈磨损的特点

曲轴主轴颈磨损取决于曲轴的结构和受力状态，一般中间的轴承磨损往往大于两端的轴承，这是由于中间受力大。曲轴主轴颈的磨损与连杆轴颈一样，由于各点载荷不均匀及摩擦的时间不同，沿径向的磨损是不均匀的，但它的椭圆度要比连杆轴颈小得多。

三、齿轮的磨损规律

汽车底盘传动系统齿轮的工作条件是相当繁重的，它传递的载荷大，滑动速度高。变速齿轮由于经常换挡，变化速度和负荷，齿面经常受到冲击和交变载荷。当齿面温度升高时使润滑恶劣，同时齿轮本身限于齿形的关系，相啮合的轮齿表面存在着滑动和滚动两种摩擦。

凡属正常的工作条件下造成的磨损，可以在齿面上看到非常均匀的光洁表面，一般说来，齿面的磨损在节圆区域最大，节圆以上的齿面（包括齿顶）磨损较小，齿根及其过渡到节圆区域之间部分的磨损较齿顶部分为大。

在节圆区域，基本上是滚动摩擦，磨损往往表现为疲劳剥落。由于表面存在着一定的微观不平，加上啮合时会产生微观塑性变形，并在交变载荷的多次重复作用下而产生疲劳；在薄弱部分产生微观裂纹，并在裂纹处形成应力集中，使裂纹逐渐发展，最后导致表面金属的剥落，形成凹坑。

齿根与齿顶由于滑动速度很大，当齿轮处于高速重载和润滑不良、散热不好等情况时，接触处局部会产生高温，齿面在高温高压下产生塑性变形，往往会使接触处黏附在一起，在两齿滑动时，较软的齿轮表面会被撕脱造成黏着磨损。

第四节　汽车技术状况的变化和故障

汽车技术状况变坏的主要原因是：零件间相互摩擦产生自然磨损；与有害物质相互接触的零件被腐蚀；零件长期在交变载荷作用下产生疲劳；零件在外载荷、温度、残余应力作用下发生变形；橡胶及塑料等非金属制品零件和电器元件因长时间工作而老化；使用中由于偶然事故造成的零件损伤等。上述原因致使零件原有尺寸、几何形状及表面质量改变，破坏了零件之间的配合特性和正确位置，从而引起汽车（或总成）技术状况的变坏。

一、故障形成的机理

在汽车实际使用中和进行技术诊断时,都存在着汽车或总成有故障这个概念。所谓故障就是指汽车或总成部分或完全丧失工作能力的现象。

故障可能由于零件的损坏、变形或磨损、燃料、润滑油供应中断、汽车或总成的工作特征变化(如发动机功率大大下降,燃料、润滑油超耗,制动距离过长,悬挂、传动元件强烈振动等)超过技术条件允许的极限值而引起。汽车的极限状况可以根据主要总成(发动机、变速器、驱动桥)以及基础零件(汽缸体、曲轴、驱动桥壳)的磨损而定,也可以根据安全运行的条件而定,或者根据使用特性的变化而定。汽车的极限状况常常是根据经济指标而定。

二、汽车故障的分类

1. 按汽车丧失工作能力的程度分类

致命故障:危及汽车行驶安全,引起主要总成报废,或对环境造成严重影响,而造成重大经济损失的故障。如发动机报废、转向节臂断裂、制动失效、操纵失灵等。

严重故障:可能导致主要零部件、总成严重损坏,且不能用更换易损备件和用随车工具在较短时间内排除的故障。如发动机缸筒拉缸、后桥壳裂纹、操纵轮摆动、曲轴断裂及制动跑偏等。

一般故障:使汽车停驶或性能下降,但一般不能导致主要零部件、总成严重损坏,并可用更换易损备件和用随车工具在较短时间内排除的故障。例如:汽油泵膜损坏使发动机停止工作,从而使汽车停驶;风扇皮带断裂使发动机冷却系统停止工作,从而使汽车停驶;雨刷器在雨天损坏使汽车在雨天难以工作等。

轻微故障:一般不会导致汽车停驶或性能下降,不需更换零件,用随车工具在短时间内能排除的故障。如点火系高压线掉线,气门芯渗气,车轮个别螺母松动,离合器因调整原因分离不彻底,变速器侧盖渗油等。

2. 按使用中故障形成的速度分类

渐进性故障:汽车或机构由正常使用状况转化为故障状况是逐渐进行的。在转化为故障状况之前,表征汽车或机构技术状况的参数是逐渐变化的。

突发性故障:是指汽车在发生故障前没有任何可以观察到的征兆,故障的发生是突然的。

第五节 汽车技术状况的诊断

汽车技术状况由各种参数所确定。所谓参数是指表示诊断对象工作能力或完好的物理量或函数。当进行技术诊断时,机构的技术状况参数可分为结构参数和诊断参数。

结构参数是物理值,直接表征机构的技术状况或工作能力,它们包括:几何形状、尺寸、零件的相互位置和配合、表面粗糙度、制造零件材料的金相结构等。

诊断参数是供诊断用的，表征汽车、总成及机构技术状况的参数。诊断参数也是物理值，但是其值可用诊断设备检验，通过检验可间接表示汽车的技术状况和工作能力。

无论是结构参数还是诊断参数，按其数值可分为额定的、允许的、极限的和当前的。参数的额定值由其功能用途确定和作为计算偏差的原始值。通常，新的或大修修竣的组件和总成，在其走合和磨合后，其参数为额定值。

一、发动机技术状况的诊断参数

发动机在使用过程中，其技术状况将不断变坏。发动机技术状况变坏，即发生故障的主要症状有：功率下降、燃料、润滑油消耗量增加、废气中的有害气体含量增加，以及出现漏水、漏油、漏气、启动困难和运转中有异常声响等。

诊断发动机技术状况的方法，根据诊断时所选择的诊断参数不同而异。常用的诊断参数有下面几种。

1. 发动机功率

功率是发动机的一个总的技术指标。发动机零件磨损以及点火、供油、冷却、润滑等系统工作不良，都会引起功率数值下降，因此，用它可以综合表明发动机技术状况的好坏。

2. 燃油消耗量

发动机燃油消耗量是一个综合评价技术参数。它不仅与发动机的技术状况有关，同时还受底盘系统等技术状况因素的影响。

3. 机油消耗量

机油消耗量可以反映发动机汽缸活塞组的磨损情况，从而在一定程度上表明发动机的技术状况。

4. 发动机燃烧质量

发动机燃烧室内的燃烧质量，可用废气分析仪测定发动机排气成分（废气中一氧化碳、碳氢化合物和一氧化氮的含量）来确定。混合气在燃烧室内的燃烧情况，可以反映燃油供给系和点火系的技术状况，也影响发动机功率的高低。因此，通过分析燃烧质量可以判断发动机的技术状况。

5. 汽缸压力

汽缸压缩终了时的压力与汽缸压缩比、曲轴转速、机油黏度、汽缸活塞组及气门组的技术状况有关。

对汽缸压力的诊断，可以判断发动机的技术状况。同时，根据诊断所得症状，还能判明是汽缸活塞组漏气，还是气门与气门座不密合，以及能够查明每一只汽缸的磨损情况。

6. 曲轴箱窜气量

汽缸活塞组与活塞环因磨损间隙增大后，窜入曲轴箱的气体量（可燃混合气与燃烧废气）将会增加。因此，曲轴箱窜气量可以反映汽缸活塞组的技术状况。

曲轴箱窜气量，只能表明汽缸活塞组总的技术状况，据其无法确诊有故障的缸位。

7. 汽缸漏气率

在发动机不工作时，把压缩空气通过火花塞孔或喷油嘴孔充入汽缸内，测量压缩空气的漏气率，可以诊断汽缸的磨损情况，从而判断发动机的技术状况。

8. 进气歧管真空度

发动机进气歧管的真空度，随汽缸活塞组的磨损而改变，并且与配气机构零件状况以及点火、供油系的调整有关。进气歧管真空度，只能用来判断发动机总的技术状况，不能确定故障的准确部位，因此，进气歧管真空度的检查，仅可作为发动机不解体诊断的辅助手段。

9. 点火系工作质量

汽油机点火系工作质量，可以用示波器来检查。点火电压随时间变化的特性曲线，以及点火系各元件或线路的工作状况，都能以曲线形式表现在显示器上。研究和分析点火系点火波形的变化，可确定点火系及其元件的技术状况，从而判断发动机的技术状况。

10. 机油压力

发动机正常的机油压力，在怠速时，一般不应低于 0.1MPa。当润滑系工作正常，而机油压力下降，多半是由于曲轴主轴承和连杆轴承磨损。如曲轴主轴承与主轴颈间隙每增加 0.01mm，机油压力大致要降低 0.01MPa。

11. 发动机温度

发动机温度可以作为发动机不解体诊断时的辅助测量参数。发动机工作温度，除表明冷却系的技术状况外，尚可反映汽缸活塞组间隙是否得当，点火时刻是否合适，燃烧室是否积碳，配气相位是否失准等。

12. 发动机异常声响和振动

随着发动机各机件磨损的增加，零件的配合间隙变大，在零件工作时就要产生冲击而发生振动和声响。因此，发动机工作时出现异常声响和振动，是发动机技术状况不良的有力证明。使用专用的诊断设备对异响和振动信号进行分析处理，也可以确定发动机技术状况。

二、汽车整车技术状况的诊断参数

汽车整车的技术状况，关系到汽车行驶中的操纵稳定性和安全性。同时整车传动系和行驶系的技术状况，还会影响发动机的动力传递和燃料消耗，因此与整车的经济性密切相关。

整车技术状况常用的诊断参数如下。

1. 驱动车轮的牵引力（或功率）

汽车运行时，发动机做功以克服本身阻力和道路阻力。当传动系机件磨损，致使传动系技术状况恶化时，传动系的功率损失将增加，使得驱动车轮上的功率减少。所以，测量驱动轮上的功率（或牵引力）可以判断底盘系统中传动系总的技术状况。

2. 制动距离

制动器摩擦片与制动鼓磨损、有油污或卡滞，液压制动系中有空气、制动液渗漏、总泵内制动液不足，气压制动系控制阀或制动气室密封不良、空气压缩机皮带松弛等，皆可造成制动距离增长。因此，检测汽车制动距离，可以综合反映出制动系的技术状况。

3. 车轮制动力

车轮制动力能分别表明每个车轮的制动情况。

4. 制动减速度

汽车制动时车辆的减速度，可以综合反映制动系的技术状况。用减速度仪通过道路制动试验，测定制动减速度，尤其适合于装有制动防抱死装置汽车的诊断。

5. 转向角及转向间隙

转向角及转向间隙的检验，可以确定转向系的技术状况。

6. 前轮定位角及汽车侧滑量

转向桥车轮定位角与汽车行驶中的操纵稳定性、行驶平顺性、使用安全性和车轮磨损以及燃油消耗等都有直接或间接的关系。

车轮外倾角与车轮前束的正确配合，可以保证车轮正常滚动，减少轮胎磨损。由于调整不当或使用因素造成两者不相"匹配"时，车轮滚动就有侧向力存在，车轮将向某一侧滑移。

利用侧滑试验台可以诊断出车轮动态侧滑量，从而判断车轮的定位状况。

7. 车轮不平衡量

当车轮存在不平衡量，旋转时将产生离心力，行驶中会引起汽车振动、摇摆，这些情况都会使汽车操纵稳定性变坏，同时还会加速轮胎的磨损。

第一章　汽车修理基础知识

8. 汽车前灯光轴与照度

随着车速的提高和驾驶座位的降低，前照灯照度和光轴都会发生变化。为确保夜间安全行驶，对汽车前照灯照度和主光轴照射方向进行检查是必要的。

9. 底盘声响与振动

底盘系统的异常声响，可为底盘系统技术状况的诊断提供线索。正确判断声响部位，能把故障局限到某一总成或机构之中，进而查明故障原因，底盘系统零件磨损松动后，运转时伴随声响还可能会发生振动。

10. 滑行距离

滑行距离能够表明底盘传动系与行驶系的配合间隙与润滑等总的技术状况。

11. 底盘某些总成的工作温度

变速器、主减速器、制动器和转向机等总成的工作温度，可作为不解体诊断时的参考。

一般运动件（齿轮、轴承等）间隙不当，或润滑条件变坏（润滑油不足，黏度太低等），都会使总成温度升高。

第六节　汽车修理制度及送修标志

我国现行汽车修理制度为"预防为主，视情修理"。视情修理是建立在检测诊断的基础上，改变了"计划修理"因提前修理造成浪费或因延迟修理导致车况急剧恶化的不良现象，但视情修理也并不意味着由此取消车辆或总成大修。

汽车修理分为汽车大修、总成大修、汽车小修和零件修理。

汽车大修是指用修理或更换车辆任何零部件的方法，恢复车辆的完好技术状况和完全（或接近完全）恢复车辆寿命的恢复性修理，其目的是恢复车辆的动力经济性、可靠性，使车辆的技术状况和使用性能达到规定的技术条件。

总成大修是指用修理或更换总成任何零部件（包括基础件）的方法，恢复某一总成的完好技术状况和使用寿命的恢复性修理。

汽车小修是指用更换和修理个别零件的方法，保证或恢复车辆工作能力的运行性修理，主要在于排除车辆运行中发生的临时故障和发生的隐患。

零件修理是指对因磨损、变形、损伤等原因而不能继续使用的零件进行修理。零件修理要遵循经济合理的原则，是修旧利废、节约原材料的重要措施。

1. 汽车大修送修标志

汽车大修送修标志：客车以车厢为主，结合发动机总成；货车以发动机总成为主，结合车架总成或其他两个总成符合大修条件的。

2. 挂车大修送修标志

挂车大修送修标志是挂车车架（包括转盘）和货厢符合大修条件。

3. 总成大修送修标志

发动机总成：汽缸磨损，圆柱度或圆度达到规定极限值

(以其中磨损量最大的一缸为准);最大功率或汽缸压力较标准降低25%以上;燃油和润滑油消耗量显著增加。

车架总成:车架断裂、锈蚀、弯曲、扭曲变形逾限,大部分铆钉松动或铆钉孔磨损,必须拆卸其他总成后才能进行校正、修理或重铆方能修复。

变速器(分动器)总成:壳体变形、破裂、轴承承孔磨损逾限,变速齿轮及轴恶性磨损、损坏,需彻底修复。

后桥(驱动桥、中桥)总成:桥壳破裂、变形、半轴套管承孔磨损逾限,减速器齿轮恶性磨损,需校正或彻底修复。

前桥总成:前轴有裂纹、变形,主销承孔磨损逾限,需校正或彻底修复。

客车车身总成:车厢骨架断裂、锈蚀、变形严重、蒙皮破损面积较大,需彻底修复。

货车车身总成:驾驶室锈蚀、变形严重、破裂或货厢纵横梁腐朽、底板、拦板破损面积较大,需彻底修复。

第七节　汽车的解体与清洗

汽车的解体,应按汽车及总成拆卸规范进行操作。同类车的解体工艺基本相同。货车、越野车有车架,是非承载车身,客车、轿车无车架,是承载式车身,因结构不同,所以其解体工艺有较大差异。

一、非承载式车身汽车的解体

第1步：拆下车厢。

第2步：拆下蓄电池、发电机、启动机、照明设备、仪表、线路及其他电器附件。

第3步：拆下钣金件、散热器、散热器罩、发动机罩、翼子板、脚踏板及其支架、油箱、排气管及消声器等。

第4步：拆下转向盘、转向器。

第5步：拆下驾驶室及坐垫靠背。

第6步：拆下传动轴、传动轴支架及变速器。

第7步：拆下发动机总成。

第8步：支撑车架并拆下轮胎及备胎。

第9步：拆下前桥及前钢板、避振器。

第10步：拆下后桥及后钢板。

第11步：拆下制动阀、贮气筒及全部管路和其他附件。

二、承载式车身汽车的解体

轿车多为前驱动承载式车身结构，其拆卸顺序，以上海桑塔纳为例，简述如下。

1. 拆卸变速器

第1步：拆下蓄电池及其接线。

第2步：拆下变速器上连接附件、车速表软轴、离合器钢索及电线束。

第3步：拆下发动机中间支架、排气管和消声器。

第4步：拆下传动轴、变速器。

2. 拆卸发动机

第1步：放出冷却液，拆下散热器、冷却风扇和护风罩。

第2步：拆下与发动机连接的线路。

第3步：拆下空气滤清器及化油器进出油管和回油管，节气门操纵拉索和片簧插片。

第4步：拆下化油器上的真空管路和冷却软管。

第5步：拆发动机支承固定螺栓及离合器操纵钢丝绳等，吊下发动机。

3. 拆卸前桥和后桥

第1步：拆下减振器，松开轮胎螺母，拆下左右横拉杆和纵向稳定杆。

第2步：拆下左右悬架、传动轴、转向节及转向器。

第3步：举升汽车，拆下车轮及制动钳，但不拆制动油管，并把制动总成固定在车身上。

第4步：拆下发动机悬架（副车架），拆下前桥、后桥及制动系统。

第5步：拆下全部电气设备及线路。

三、汽车零件的清洗

清除零件上的油污，一般用碱溶液除油或有机溶剂除油。碱溶液除油法对于某些非金属和有色金属有腐蚀作用，因此多用于钢铁零件的除油。有机溶剂（包括汽油、煤油、柴油和酒精等）除油一般用于精密零件（如喷油泵、喷油器、化油器、汽油泵等）和非金属零件。

1. 钢铁零件的清洗

把碱溶液加热至 80~90℃，将钢铁零件置溶液中浸煮 1h，取出用 50℃以上的热水冲洗零件，将零件上附着的碱冲洗干净。滚动轴承清洗后，应用汽油再洗，并用压缩空气吹干或干布抹干。钢铁零件除油溶液的常用氢氧化钠、碳酸钠等配制。

2. 非金属零件、精密零件的清洗

橡胶类零件（如制动皮碗、皮圈等）应用酒精或制动液清洗，不得用汽油或碱溶液清洗，以防其发胀变形。

密封润滑轴承、含油粉末合金轴承不得在汽油中浸泡、清洗。

喷油泵、喷油器精密配件应在柴油或煤油中清洗。

铝、锌等有色金属零件应用汽油清洗。

3. 清除积碳

发动机的某些零件，如汽缸盖、汽缸体、进排气歧管等零件上常牢固黏着积碳，一般碱液清洗难以清除。积碳的清除方法通常是采用机械法和化学法，或者两者并用。

（1）机械法清除积碳

机械法清除积碳比较简单，但往往不能将不易接近的地方清理干净，同时在清除过程中，不可避免地会在光滑表面上留下划纹。

（2）化学法清除积碳

化学法清除积碳是用化学溶液将零件上的积碳软化，然后用毛刷或抹布擦去积碳。用无机退碳剂时,溶液工作温度为 80~95℃,将零件浸入溶液中浸泡 2~3h,清除积碳后,再用热水将零件洗净,用压缩空气吹干。而有机退碳剂是以有机物为主配制,具有退碳能力强、可常温使用、对有色金属无腐蚀的特点,但成本高、毒性较大,使用中须加强防护。

4. 清除水垢

汽车发动机长期使用硬水,冷却系内壁会形成水垢,水垢影响发动机的散热,影响发动机的正常工作,甚至使汽缸体水套内的狭窄部位堵塞,导致局部过热,使汽缸体产生破裂。

水垢通常由碳酸钙、硅酸盐、硫酸钙组成。清除水垢是用化学方法,一般是用盐酸来除去水垢,盐酸与水垢作用变成溶于水的氯化物。其反应方程如下:

$$CaCO_3 + 2HCl = CaCl_2 + H_2O + CO_2 \uparrow$$

盐酸对金属有腐蚀性,为了抑制盐酸对金属的腐蚀,必须在酸中加入缓蚀剂六亚甲基四铵(乌洛托平)。

在清洗过程中,盐酸与水垢作用产生大量 CO_2 气体,会形成飞溅状态;盐酸加热后,会向空气中散发盐酸分子,对人体有害。故应选择通风地点进行清除水垢,工作人员应穿戴耐酸橡胶手套、长靴、防护眼镜和口罩等。

第八节 零件的探伤与检查分类

汽车零件的检验方法可根据检验技术要求的不同，分为外观检验、几何尺寸测量、零件位置公差测量及零件的缺陷检验等。隐蔽缺陷常用的检验方法有下列几种。

一、磁力探伤

1. 磁力探伤原理

当磁力线通过被检验零件时，零件被磁化。如果零件有裂纹，在裂纹部位磁力线就会因裂纹而中断，形成局部磁场和磁极。如果在磁化零件表面撒上磁铁粉或铁粉液，铁粉便被吸附在形成局部磁场的裂纹处，从而可显示出裂纹的位置和大小。垂直磁力线方向的裂纹，能切断磁力线形成局部磁场；而平行磁力线方向的裂纹很少切断磁力线，不能形成磁极吸附铁粉。所以利用磁力探伤时，必须使裂纹垂直于磁力线方向。因此，横向裂纹要纵向磁化检查；纵向裂纹要横向磁化检查。

2. 磁化方法

（1）纵向磁化

纵向磁化是将被检查的零件置于马蹄形电磁铁两板极之间，如图 1-2 所示。当磁化线圈接通电源时，电枢产生磁通，经过被检零件形成封闭磁路，在零件内产生纵向磁场，这样就可以发现零件内部存在的横向裂纹。

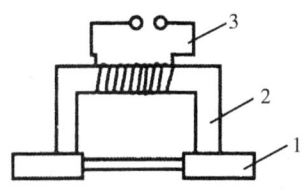

1-被检零件；2-电枢；3-磁化线圈
图 1-2 纵向磁化原理

（2）横向磁化

横向磁化又称环形磁化，如图 1-3 所示。当电流通过被测零件，在零件外表面产生环形磁力线，当零件表面有平行于轴线方向的纵向裂纹时，便可形成磁极，吸附磁性铁粉而显露出隐伤的部位。

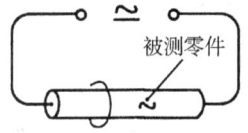

图 1-3 横向磁化原理

（3）联合磁化

对于这两种磁化方向都成一定角度的裂纹，最好采用联合磁化法。即将纵向磁化和横向磁化装置同时作用于零件上，如图 1-4 所示。此时纵向磁场向量为 H_1，横向磁场向量 H_2，H_0 为纵横向量之和。

3. 零件的退磁

零件经磁力探伤后，会多少残留一部分剩磁，使零件在

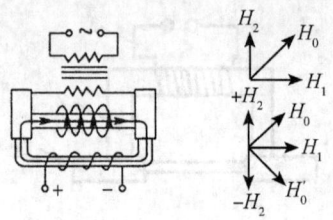

图1-4 联合磁化原理

使用中因吸附铁屑而造成磨料磨损,因此经过探伤后的零件,必须做退磁处理。退磁方法有两种。一种方法是将零件从交流的磁场中慢慢退出,或者将零件在磁场中的电流逐渐减小到零。另一种方法是用直流电磁化的零件,用直流电退磁,退磁时不断改变磁场极性,同时将电流逐渐减少到零。

二、敲击探伤与荧光探伤

1. 敲击探伤

敲击探伤是目前实用的汽车零件隐伤检查的简便方法。它有两种方法:一种是听敲击零件发出的声音来判别壳体零件、盘形零件有无裂纹和铆接件是否松动。用小锤轻敲零件时,如发出的声音清脆,说明零件无裂纹或者不松动;如发声沙哑,说明零件有裂纹或铆接松动。另一种是油浸敲击探测隐伤。检测时,先将零件浸入煤油或柴油中片刻,取出后擦干(或将检测部位用煤油湿润、擦干),撒上一层白粉,然后用小锤轻敲击零件的非工作表面。如果零件有裂纹,由于敲击振动,浸入裂纹的油渍会溅出,使裂纹处的白粉呈现黄色线痕。

2. 荧光探伤

将零件浸在荧光液中,或用毛刷将荧光液涂在零件表面,经过 10~15min,用 200kPa 压力的冷水冲洗零件,并用压缩空气吹干,然后将零件稍加热,以促使零件裂纹内的荧光液扩散,接着用紫外线照射零件,裂纹处就会发出鲜明的黄绿色光亮。

将荧光液注入冷却系中,启动发动机运转几分钟,即可检测系统的渗漏部位。

三、零件的检验分类

零件检验分类是指对零件进行技术鉴定。根据零件的技术状况,可分为可用零件、需修零件和不可用零件。可用零件是指几何尺寸和形状偏差均在技术条件容许范围内的零件;需修零件是指几何尺寸超出技术条件规定的容许值但可修复的零件;不可用零件是指具有超出技术文件规定的缺陷,且不能修复或修复在经济上不合算的零件。

由于各种零件的结构形状和工作部位不相同,因此对不同磨损部位的检验要求和方法也有差异。为了便于说明,将零件磨损部位,大致分为轴形、孔形、齿形部位及其他形部位。

1. 轴形部位的检验

属轴形部位的零件外形很多,有的为曲拐形(如曲轴),有的为管状形(半轴套等),有的为棒形(如转向节主销),

而检验时都是在轴承装配位置测量其圆度和圆柱度。轴类直径一般用外径千分尺、游标卡尺或卡规进行测量。

测量任意截面与任意方向直径,同截面最大读数与最小读数差的1/2,为该截面上的圆度误差;测若干截面,取其最大值,即为该零件的圆度误差(近似值)。测量任意截面上任意方向的直径,其最大读数与最小读数差的1/2,即为被测件的圆柱度误差。

2. 孔形部位的检验

壳体零件上都有不同工作条件的孔,如汽缸体的汽缸磨损不仅在圆周上不均匀,而且沿汽缸长度上也不均匀,因此,必须沿径向测量其圆度,沿轴向测量其圆柱度。对于变速器轴承座孔和前后轮轴承座孔等,由于孔的长度较短,只需测量其磨损的最大直径和圆度。

测量孔采用的工具有内径千分尺、游标卡尺、内径百分表(如量缸表)及厚薄规(测量较小的孔),如果孔小而短,也可以采用专用的量规。

3. 齿形部位的检验

齿轮的外齿、内齿,花键轴和花键孔的键齿,都可视为齿形部位,如图1-5所示的变速器齿轮。齿形部位的主要损伤有:沿齿厚方向和齿长度方向的磨损,齿面渗碳层的剥落,轮齿表面的擦伤、点蚀,个别轮齿的折断等。图中所示的变速器齿轮,有轮齿A、B及键齿C。检验时,首先观察轮齿和键齿的外表面是否有折断、裂纹、沟痕、斑点和渗碳淬火层剥落,轮齿和键齿端头是否已磨成锥形等。然后用齿

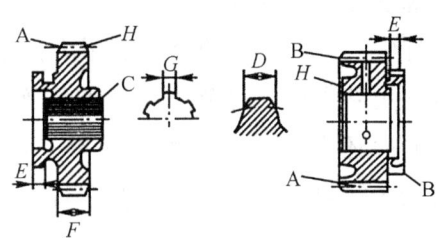

图 1-5 变速器齿轮

轮游标卡尺或界限量规测量齿厚 D 及齿长 E、F，对于花键槽应测量槽宽 G，也可用花键规或新花键轴套入该齿轮的花键孔内，测量旷量。

此外，对于蜗轮蜗杆、螺旋轮齿及螺纹牙，首先应观察外表损伤情况，然后用齿轮游标卡尺、界限量规、样板规测量轮齿厚度。一般螺纹损坏不应超过二扣，重要的连杆螺栓等，损坏一扣牙螺纹也应更换。

4. 其他磨损零件的检验

有的零件某一工作部位是一种特殊的外形。例如凸轮轴的凸轮和偏心轮，应根据规定的外廓尺寸进行测量，又如进气门、排气门的头部和脚部，其磨损一般由观察来确定。

第九节 汽车零件的修复

汽车零件在使用中会产生磨损、变形、断裂等各种形式的损伤。当损伤达到一定程度后，零件将丧失正常的工作能力，并导致整个机构的技术性能变坏。这就必须用性能完好的零件来代替那些不能用的零件。

在汽车修理中，汽车零件的修复有很大的现实意义。它可以减少零件的更新数量，可节约大量黑色及有色金属，并能节约能源，同时还会降低整车修理成本。有些短缺配件，修复后使用可减少待料时间，缩短停修车日，提高社会经济效益。

对磨损零件的修复，根据修复表面尺寸变动的情况，零件修复的基本方法可归纳为两种。一种是对已磨损零件进行机械加工，使零件恢复正确的几何形状和配合特性，但改变了它原有的尺寸，这种方法称为修理尺寸法。另一种是利用堆焊、喷涂、电镀和黏结等方法增补零件的磨损表面，然后再进行机械加工，不仅可恢复零件的正确几何形状及配合特性，而且还可恢复到零件的基本尺寸，这种修理方法称为基本尺寸（名义尺寸）修理法。此外，汽车上的一些零件还可以用压力加工的方法修复，它是利用金属的塑性变形来恢复零件形状。用焊接方法可修复裂纹、破裂和折断等。

一、机械加工修复

机械加工是零件修复过程中最重要、最常用的方法。汽车大修、总成大修时，主要零件的修理多半是直接经机械加工方法修复的。本书介绍两种常用的机械加工修复方法。

（一）修理尺寸法

1. 修理尺寸法的概念和特点

汽车的壳类和轴类零件，它们的孔和轴在使用中磨损或损伤，导致圆度、圆柱度值变大，或起沟槽、刻痕。在零件结构允许的范围内，对磨损的轴或孔进行机械加工，使其通过尺寸的改变（轴的直径减小，孔的直径加大）恢复其正确的几何形状和配合要求，这种方法叫修理尺寸法。加工后的尺寸叫修理尺寸。

汽车上有相当多的零件可采用修理尺寸法修复。在组件中，需要加工修复的多为主要件。如缸体、曲轴、制动鼓、转向节等，而与之配合的易损件如活塞、轴瓦、衬套、销子等，则相应修理尺寸的配件予以更换。

2. 修理尺寸法的级差及应用

修理尺寸法使各级修理尺寸标准化，便于加工和供应配件及维修。修理尺寸法能大大延长复杂零件和基础零件的使用寿命。此加工方法简单易行，但为了保证零件有足够的强度，不得超过生产厂规定级别进行修理。汽缸体、曲轴等主要零件的修理尺寸以加大或缩小 0.25mm 为一级。现今以不超过三级（即±0.75mm）为宜。

（二）镶套修复法

在零件的磨损部位，用静配合方式镶上新的金属套，使零件恢复到基本尺寸的修复方法叫零件的镶套修复法。零件镶套修复法是一种经济适用的修复方法，只要零件的结构和修复后的强度允许，应广泛采用。此方法优点如下。

①可修复一些基础件或主要零件的局部磨损，以延长这类零件的寿命。

②能一次恢复较多的磨损量。特别是对于孔的修复，是

其他方法（堆焊、电镀等）不易达到的。

③零件无须高温加热，可避免热影响引起的变形和变质。

④工艺简单，修复成本低。

镶套零件的配合面必须具有较小的粗糙度和适当的配合过盈量。粗糙度高以及过盈量不足，使用中容易产生脱落；过盈量过大，压入时，容易使零件变形甚至被挤裂。

镶套的材料要根据镶套部位的工作条件选择，如在高温下工作的部位，镶套材料应与基体一致或近似，使它们线膨胀系数相同，而且热稳定性好，以保证零件工作时的稳定。为了获得更好的耐磨性能，也可镶比基体金属好的耐磨材料。

二、焊接修复

汽车零件的焊接修复，能修复零件的多种耗损，如磨损、凹坑、破裂、断裂等。

焊接修复是用电弧或气体火焰的热量，将焊条（或焊丝）和零件金属熔化，以焊接裂损和填补零件的磨损。焊修法使用的设备简单、操作方便，焊修件可以得到较高的强度，因此在维修工作中，被广泛采用。在汽车零件修复中，铸铁的焊接、振动堆焊和 CO_2 保护焊的修复方法，各具特点，应用较多。

1. 铸铁零件的焊修

汽车上有相当多的零件是铸铁浇铸的。如汽缸体、汽缸盖、变速器壳等基础件、主要件就是灰铸铁的。因此铸铁零件的焊修是有较大经济意义的。按焊接时熔化金属所用的热源可分为气焊和电焊。按对焊件预热的温度可分为热焊及冷焊。

热焊是将工件预热到 600~700℃ 的焊接。在施焊过程中温度要保持不低于 400℃。热焊多采用气焊。

冷焊是焊件不预热或预热低于 400℃ 的焊接。冷焊多采用电弧焊，使用特种焊条，如铜铁焊条、镍基焊条（铸308、铸408）等。

热焊焊件经长时间的高温加热，变形及氧化均比较严重，焊工劳动条件恶劣，目前采用较少。冷焊目前多采用加热减应措施，焊缝质量高，工件焊后变形小，因此在修复汽车的铸铁件时大多采用冷焊。

2. 振动堆焊

振动堆焊是自动进行的。焊丝要等速前进并振动，振动中焊丝尖端和工件应不断起弧和断弧，电弧使焊丝熔化并滴焊在工件表面上。振动堆焊多用于圆柱形工件的堆焊，工件要一边旋转，一边施焊，同时焊嘴作横向移动，焊道为螺旋状。振动堆焊的特点是熔池浅，工件受热和变形小，堆焊层的耐磨性比较好。振动堆焊多用于修复汽车的轴类零件，如曲轴、半轴套管等。

3. CO_2 保护焊

CO_2 保护焊的特点：焊区与空气隔绝，能有效防止气孔和裂纹的产生，抑制氢的有害作用，对零件表面的水、油、锈不敏感,因而焊前对零件的清洁要求可降低,由于氢气的减少,焊层应力相对于普通焊接而言要小一些,零件的疲劳强度提高;可提高生产率,降低材料成本和氧气或电能的消耗。因而 CO_2 保护焊,在汽车修理中应用很广泛。

用 CO_2 保护焊焊接车身骨架以及汽车驾驶室、翼板、货厢、客车车身覆板时,有一个突出的优点,就是焊缝抗裂性好,使用过程中不像手工电弧焊和气焊焊缝那样容易出现疲劳裂缝。用 CO_2 保护焊进行振动堆焊可以减小工件变形,提高焊缝质量,扩大修复项目。

三、电镀修复

汽车上许多重要零件都是优质合金钢制成的,技术要求高,制造工艺复杂,而在使用过程中,有些零件表面仅局部磨损 0.01~0.05mm 时,就已不符合使用技术条件,需要进行修理。这时用电镀法来恢复零件的几何尺寸,是最方便、最经济的。电镀修复的零件不变形,不改变原来热处理结构,零件的强度、硬度不仅不受影响,有些镀层比原来表面层还耐磨,可延长零件使用寿命。

(一) 电镀的基本原理及镀层

电镀是将金属工件浸入(刷镀则不浸入)电解质溶液中(酸类、碱类、盐类),以工件为阴极,以铬(镀铬)、铁(镀铁)等镀层金属作阳极,通以直流电,在电流作用下,溶液中的金属离子(或阳极溶解的金属离子)析出,沉积到工件表面上,形成金属镀层的过程称为电镀。

电镀按镀层分为镀铬、镀铁、镀铜以及其他装饰镀层。

1. 镀铬

镀铬是汽车零件修复中应用较早的较广泛的方法。很适合于修复磨损量不大的零件，如转向节、半轴套管、凸轮轴、活塞销等的磨损。还用于装饰件如轿车的门把手等的电镀。

镀铬层硬度高、耐热、耐腐蚀，而且摩擦系数较低，镀铬层与巴氏合金摩擦系数为 0.13，与钢为 0.12，比原件耐磨。

2. 镀铁

在镀铁工艺中，一般采用低温（30~50℃）直流镀铁或者不对称交流镀铁。后者是从不对称交流镀起镀，逐渐转向直流全波镀。

镀铁的特点：沉积速度快、材料价格低、耗电少、效率高、对环境污染小，但镀铁层结合强度和硬度均不太理想。

（二）刷镀

刷镀又称涂镀，是新近发展起来的零件修理工艺。它是在零部件不解体或半解体的条件下，不用镀槽对零件进行快速修复。可用于对轴、壳体、孔类、花键槽、轴瓦瓦背、平面类及小孔、盲孔、深孔等多种零件的修复。刷镀机动灵活，修复后粗糙度低，可以准确地控制各种成分和尺寸，修理成本低廉，已在汽车维修工作中得到广泛应用。

1. 刷镀的基本原理

刷镀的基本原理和槽镀基本相同。零件的刷镀如图 1-6

所示，刷镀时用外包吸水纤维的石墨刷镀笔（阳极）吸满镀液，在工件上做相对运动（手动或机动），一般以 10～25m/min 的速度运动。这时镀液中的金属离子在电场作用下，沉积在被镀金属上形成镀层。镀笔刷到哪里，哪里就形成镀层。随着刷镀时间的增加，镀层逐渐加厚，直至所需的厚度。

2. 刷镀层性能

一般镍、铁、铁合金等刷镀层与基体的结合强度大于镀层本身强度并高于槽镀，远高于喷涂。

试验表明，镀镍层、镀铁层、镀铁合金层的耐磨性都比 45 号淬火钢好。镀镍层是 45 号淬火钢耐磨性的 1.36 倍，镀铁层是 1.8 倍，镀铁合金层是 1.4 倍。

镀层的硬度比槽镀镀层高，可达 HRC50 以上。

镀层对基体金属疲劳强度有一定的影响。

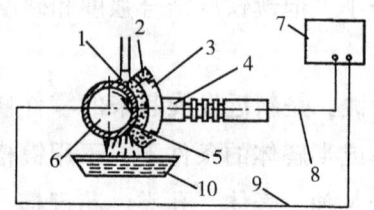

1-刷镀液；2-阳极包套；3-石墨阳极；4-刷镀笔；5-刷镀层；6-工件；7-电源；8-阳极电缆；9-阴极电缆；10-贮液盒

图 1-6　零件刷镀

四、胶粘修复

零件的胶粘修复是指用胶粘剂胶接或胶补修复零件的工艺。

现代汽车上，工程塑料以及其他非金属材料的应用很广泛，用这些材料组成的零件，或用这些材料与金属材料构成的组合件损坏时，多采用胶粘修复。随着胶粘剂的性能和质量的提高，传统的连接方法，如过盈连接、铆接的零件中，有些也用胶粘来取代。

用胶粘法修复零件，工艺简单，成本低廉，所需设备很少，修复后零件不变形，不改变金属组织。胶粘剂种类繁多，汽车修理中常用的有机胶粘剂有环氧树脂、酚醛树脂、Y-150厌氧胶等。有机胶粘剂常由粘料、固化剂、增塑剂、稀释剂、填料等组成。

1. 环氧树脂胶粘剂

环氧树脂胶是一种多组分的胶粘剂，是以环氧树脂及固化剂为主，再加入增塑剂、填料和稀释剂等配制而成的。环氧树脂胶固化较快，一般只能现配现用。

环氧树脂胶能和许多种材料的表面形成化学键结合，产生较大的黏结力，所以能黏结各种金属和非金属。环氧树脂胶粘剂的优点是黏结力强，固化收缩小，耐油、耐酸、耐腐蚀，电绝缘性好和使用方便。但它的缺点是性脆、韧性差、不耐碱、不耐高温。在汽车零件的修复上，常用它来修复汽缸体、汽缸盖、变速器壳等受力不大部位的裂纹。

2. 酚醛树脂胶粘剂

酚醛树脂胶可以单独使用,也可以和环氧树脂混合使用。酚醛树脂胶与环氧树脂混合使用时,并加增塑剂和填料。为了加速固化,加入乙二胺。这样可比单独使用酚醛树脂胶黏结的韧性高和耐热性好。

酚醛树脂与丁腈橡胶配制的胶粘剂,具有韧性好、耐热、耐水、耐油、耐老化的特点,可用于汽车各种轴、轴承与壳类的修复,以及离合器摩擦片、制动蹄片的黏结。

3. Y-150厌氧胶粘剂

Y-150厌氧胶是一种专门用于密封、防漏、防松的黏结剂。具有使用方便,可室温固化,不含有机溶剂,浸润性好,毒性小等特点。

Y-150厌氧胶在室温下,固化需24h,加促进剂固化,1h后即可使用。黏结强度和环氧树脂相近。

它适用于不经常拆卸螺母的紧固防松,或用于管道螺纹连接接头及平面凸缘的接合面的耐压、密封、防漏,还可用于滚动轴承内外环的固定及填充堵塞漏隙和裂缝。如图1-7(a)、图1-7(b)所示,它用于修复磨损的孔—轴配合件或超差的零件,用于径向间隙小于0.1mm的零件;如图1-7(c)所示,适用于轴承装配,用于径向间隙0.1~0.25mm的零件。

使用厌氧胶的接合部位间隙不得大于0.25mm,一般要密封,用毛刷沾上胶液填满间隙即可。密封螺纹只要在螺栓

 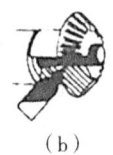 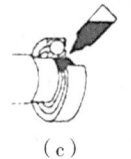

(a)　　　　　　　　(b)　　　　　　　　(c)

图1-7　Y-150厌氧胶黏结

端部和螺孔口涂抹胶液，通过拧紧螺栓，胶液会随之填满螺纹之间的间隙。

五、校正修理

汽车零件在使用过程中，许多零件会产生弯曲、扭曲和翘曲，在修复时都需要校正。常用的校正方法有压力校正和火焰校正两种。

1. 压力校正

压力校正是用外加的静载荷使零件产生反向变形的方法，以恢复零件的正确形状。轴类零件产生弯曲的最大部位多在轴的中部，校正时将轴支承在两块V形块上，用压力机施压，压力方向应和轴的弯曲方向相反。轴受压后的变形量可以用置于轴下的百分表观察，如图1-8（a）所示。一般是采用常温冷校，如果零件塑性差、刚度大或零件尺寸较大而施压设备压力不足时，可以适当加热校正。

由于钢质零件具有较大弹性（如中碳钢制造的凸轮轴、曲轴），所以，在冷压校正时加压使零件形成反向弯曲，其值是原来弯曲值的 10~15 倍,并需保持一段时间,这样在卸压后,才能得到反向塑性变形,使零件校直。

在压校时,工件上部受压塑性变形,表面缩短,下部受拉产生塑性变形会使零件表面伸长,工件产生内应力,如图 1-8(b)所示。此内应力使零件抗弯刚度下降,而且变形不稳定,使用中容易弯曲。为了使变形稳定,提高刚性,冷校后最好进行清除应力的热处理;或者在反向压直工件时,不在短时间内卸掉压力,搁置 5~10 天,待应力消除为止。后一种方法工艺简单,但生产周期长,不经济。

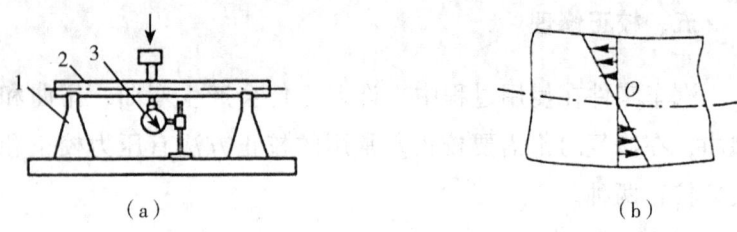

(a)压力校正;(b)工件的应力

1-V 形块;2-轴;3-百分表

图 1-8 压力校正

有些汽车凸轮轴、曲轴、前轴是球墨铸铁制造的,由于塑性差,冷校时易折断,不宜采用冷压校正。一般零件经校正后,疲劳强度下降 10%~15%,校正次数越多,下降越大,因此只能做 1~2 次校正。

2. 火焰校正

火焰校正是一种比较先进的校正方法。它的校正效果好、效率高,适用于一些尺寸较大,形状复杂的零件校正。火焰校正零件的变形稳定,对疲劳强度影响也较小,但加热点的选择,加热的长度、宽度、深度和速度都凭经验确定,较难掌握。

第二章　汽车发动机维修

第一节　零件检验与分类

一、发动机拆卸、解体和零件清洗注意事项

1. 发动机拆卸注意事项

①用举升机或千斤顶举起汽车时，一定要平稳，注意安全。

②热车时放掉发动机机油，因为这样能较彻底放净机油。

③热车拆卸进、排气歧管和消声器时，要小心，以免烫伤。

④待发动机冷却后再放掉散热器和冷却水道里的冷却液，以免烫伤。

⑤拆卸发动机时，如果对线路和管路不太熟悉，要做好记号，以免组装时装错。

⑥从车上吊下发动机前，要检查绳索是否牢固可靠，绳索放置的吊装部位是否正确，以免吊下过程中发生安全

事故。

⑦开始吊装时，发动机要慢慢升高，查看所有螺栓、导线和管子是否全部拆开，以免拉断导线和管子。

⑧吊下后的发动机要放置平稳，避免侧翻，也方便下一步的解体。

2. 发动机解体注意事项

①在发动机解体时，尽量采用专用工具，多用套筒扳手和梅花扳手，尽量少用活动扳手。

②扳手要套稳螺母再用力，且不能用力过猛。

③对于不太熟悉的发动机，在拆卸汽缸盖、主轴承盖和连杆轴承盖等重要部位的螺栓时，要记下拧紧力矩，以便今后装配发动机时作参考。

④拆卸汽缸盖、主轴承盖螺栓时，一定要注意拆卸顺序，否则会引起汽缸盖、曲轴的变形。

⑤拆卸配气机构、主轴承盖和连杆轴承盖时要注意观察是否有记号。若没有，要做好记号。

⑥拆下来的活塞连杆组，其连杆轴承盖要一一对应装到连杆上，以免出错。

⑦从曲轴上拆下飞轮前，要注意观察是否有记号。若没有，要做好记号，以免破坏其动平衡。

⑧拆下来的曲轴、凸轮轴和汽缸盖要放置好，否则会引起变形。

3. 发动机零件清洗注意事项

①发动机解体后，应对其零件进行初步清洗，以去除零

件表面大量的油泥、锈蚀物、积碳等。发动机有许多零件是铝制的,所以,清洗时不宜用有腐蚀作用的清洗剂。

②发动机零部件在修理过程中,要对未彻底清除的积碳、表面黏着物做进一步清除。

③发动机在装配前应彻底清洗汽缸体和曲轴,油道必须用清水冲洗干净,最后用压缩空气吹干,以保证润滑油道的畅通、清洁。

二、零件测量技术

1. 圆度与圆柱度的测量

圆度是指在轴线的任意横截面上,实际圆轮廓必须位于半径差为公差值的符合最小条件的两同心圆的区域内,圆度公差是在同一垂直截面上实际圆所允许的最大变动量。圆度误差通常采用多点法进行测量,在汽车维修生产中常以同一横截面上的最大与最小直径差的一半,作为圆度误差值。

圆柱度是指实际圆柱面必须位于以半径差为公差值的符合最小条件的两同轴圆柱面的区域内,圆柱度公差是沿轴线长度上实际圆柱面对理想圆柱面所允许的最大变动量。圆柱度误差也用多点法测量,在汽车维修生产中常以沿轴线长度上任意方位和截面最大最小直径差的一半,作为圆柱度误差值。

圆度和圆柱度常用于孔形和轴类零件的测量,如发动机的汽缸孔或汽缸的磨损,就是利用内径量缸表或内径千分尺测量其圆度和圆柱度误差的。

2. 平面度的测量

平面度表示实际平面的不平程度,是零件表面的形状误差。平面度是指被测平面在其垂直的任意方向的形状误差,是指被测平面必须位于距离为公差值符合最小条件的两个平行平面的区域内。实际平面的状况要影响到配合零件的位置精度和密封效果。

在汽车维修企业中对汽缸体和汽缸盖平面的检验,多采用厚薄规和刀形样板尺法。该法检验误差虽然较大,测量结果是近似值,但由于设备简单、方法简便,使用较为普遍。

3. 平行度的测量

平行度是衡量被测要素(直线或平面)与基准平行的程度。平行度是指被测要素(直线或平面)必须位于距离为公差值且与基准(轴线或平面)平行并符合最小条件的两平行平面的区域内。

平行度可以分为平面对平面、轴线对平面、平面对轴线和轴线对轴线4种。不同的平行度要求有不同的检验基准,基准不同,其检验的方法也不同。平行度的检验是在基准要素和实际要素之间进行的,其误差是相对于基准要素而言的,基准要素则是确定被测要素公差带方位的根据。因此,在平行度的检验中,确定基准的工作极为重要。作为基准使用的要素(平面或轴线)在检验前应消除其形状误差的影响,按最小条件确定测量基准。在汽车维修测量平行度误差时,通常多用模拟法体现基准,例如,以检验平板平面模拟基准平面,用心轴轴线模拟基准轴线。

4. 垂直度的测量

垂直度属于位置公差中的定向公差,用来控制被测要素相对于基准要素在法向上的垂直度要求。其测量也是在被测零件的两个要素间进行的。垂直度是指被测要素(直线或平面)必须位于距离为公差值且与基准(轴线或平面)垂直的符合最小条件的两平行平面区域内。

垂直度常用的检验方法有垂直度检验仪法和测圆跳动误差检验法。

5. 同轴度及圆跳动的测量

同轴度是指被测轴线对基准轴线的位置误差,是指被测轴线位于以公差值为直径的圆柱面的区域内。同轴度包括被测轴线的形状误差,也包括两者的位置误差。

同轴度的检验,常用径向圆跳动法代替。在基准和被测轴线的圆度较小时,径向圆跳动接近同轴度,故可把最大径向圆跳动当成同轴度。

圆跳动也是位置误差。它包括径向跳动和端面跳动。

轴类零件的径向跳动一般使用 V 形支承,置于平台上进行测量。用这种方法检验的结果,除要受到 V 形架角度和基准的实际要素形状误差的影响外,另外在检验径向跳动时,基准轴线自身还有同轴度误差的影响,因而径向跳动是这些形状和位置误差综合反映的结果。

三、汽车零件检验分类技术条件

汽车零件检验的分类,是汽车修理工艺的一个重要环节,它直接影响汽车修理的质量和成本。通过技术检验,可将零件分为可用件、待修件和报废件3类。

可用件是指使用后耗损轻微的零件,其尺寸、形状、位置公差和配合关系均在大修技术标准中的许用尺寸和许用配合要求范围内,不经修理尚可继续使用。

待修件是指通过各种修理工艺,可恢复基本尺寸、几何形状和位置、力学性能及配合关系的零件。

报废件是指耗损严重,其尺寸、形状、位置和配合关系,不仅超过了许用尺寸或许用配合要求,甚至接近或超过维修技术数据中规定的使用极限,是无修复价值的零件。

四、汽缸盖与汽缸体检测要点

①清除汽缸盖、汽缸体各结合面上的衬垫残留物,用漂洗性能好、稳定性高且具有一定消泡性的清洗剂做进一步清洗。
②检查汽缸盖、汽缸体表面裂纹及破损。
③检测汽缸体与汽缸盖结合面的平面度。
④测量各汽缸磨损情况。在测量汽缸磨损情况时,要分析磨损性质,是属于正常磨损还是非正常磨损(如拉缸)。汽缸测量的内容主要是它的最大磨损直径、圆度和圆柱度。
⑤测量主轴承座孔同轴度。

五、曲轴与凸轮轴检测要点

1. 曲轴检测要点
①曲轴裂纹较明显的,通过观察即可发现。不可见的微

细裂纹可用磁力探伤的方法检测。

②曲轴变形主要利用百分表及表架检测弯曲变形量和扭曲变形量。

③轴颈磨损利用外径千分尺测量磨损直径,然后计算出最大磨损量、圆度及圆柱度。

2. 凸轮轴检测要点

①凸轮的擦伤和疲劳脱落,通过观察即可发现。凸轮的磨损可用外径千分尺测量凸轮的全高与凸轮基圆直径的差值来确定凸轮的磨损程度。

②凸轮轴弯曲变形通过百分表及表架检测。

③凸轮轴轴颈磨损可用外径千分尺检测。

④凸轮轴上齿轮磨损检测。

⑤凸轮轴键槽磨损检测。

六、汽车发动机汽缸体与汽缸盖修理技术要求

对于发动机汽缸体与汽缸盖修理的技术要求,在 GB 3801—1983《汽车发动机汽缸体与汽缸盖修理技术条件》中做了详细说明,具体内容如下。

①汽缸体与汽缸盖不应有油污、积碳、水垢及杂物。

②水冷式汽缸体与汽缸盖用 0.35~0.45MPa 的压力做持续 5min 水压试验,不得渗漏。

③汽油发动机汽缸体上平面到曲轴轴承孔轴线的距离,不小于原设计基本尺寸 0.40mm。

④所有结合平面不应有明显凸起、凹陷、划痕或缺损。

汽缸体上表面和汽缸盖下表面的平面度公差应符合相关规定。

⑤汽缸体曲轴、凸轮轴轴承孔的同轴度公差应符合原设计规定。凡能用减磨合金补偿同轴度误差的，以汽缸体两端曲轴轴承孔公共轴线为基准，所有曲轴轴承孔的同轴度公差为 $\Phi0.15mm$；以汽缸体两端凸轮轴轴承孔公共轴线为基准，所有凸轮轴轴承孔的同轴度公差为 $\Phi0.15mm$。

⑥汽缸体后端面对曲轴两端轴承孔公共轴线的端面全跳动量不大于 0.20mm。

⑦燃烧室容积不小于原设计最小极限值的 95%，同一台发动机的汽缸盖燃烧容积之差应符合原设计规定。

⑧汽缸体、汽缸盖各结合面经加工后的表面粗糙度值应低于 $Ra1.6\mu m$。

⑨汽缸盖上装火花塞或喷油嘴和预热塞的螺孔螺纹损伤不多于一牙，汽缸体与汽缸盖上其他螺孔螺纹损伤不多于两牙。修复后的螺孔螺纹应符合装配要求。各定位销、环孔及装配基准面的尺寸和形位公差应符合原设计规定。

⑩选用的汽缸套、气门导管、气门座圈及密封件应符合相应的技术要求，并应满足本标准的有关装配要求。

⑪气门导管孔内径应符合原设计尺寸或分级修理尺寸。一般气门导管与孔的配合过盈为 0.02~0.06mm。

⑫进、排气门座圈孔内径应符合原设计尺寸或修理尺寸。气门座圈孔的表面粗糙度值低于 $Ra3.2\mu m$，圆度公差为 0.012 5mm，与座圈的配合过盈一般为 0.07~0.17mm。

⑬镶装干式汽缸套的孔内径应为原设计尺寸或同一级修理尺寸。孔的表面粗糙度值应低于 $Ra1.6\mu m$，圆柱度公差为 0.01mm。汽缸套与孔的配合过盈应符合原设计规定，无规定者，一般为 0.05~0.10mm。有突缘的汽缸套配合过盈可采用 0.05~0.07mm，无突缘的汽缸套可采用 0.07~0.10mm。汽缸套上端面应不低于汽缸体上平面，也不得高出 0.10mm。

⑭湿式汽缸套孔的内径应为原设计尺寸或同一级修理尺寸。湿式汽缸套与孔的配合间隙为 0.05~0.15mm，安装后汽缸套上端面应高出汽缸体上平面，并应符合原设计规定。

⑮同一汽缸体各汽缸或汽缸套的内径应为原设计尺寸或同一级修理尺寸，缸壁表面粗糙度值低于 $Ra1.6\mu m$。干式汽缸套的汽缸圆度公差为 0.005mm；圆柱度公差为 0.007 5mm；湿式汽缸套的汽缸圆柱度公差为 0.012 5mm。

⑯加工后，汽缸的轴线对汽缸体两端曲轴轴承孔公共轴线的垂直度公差为 0.05mm。

⑰对某些特殊结构或有特殊技术要求的汽缸体及汽缸盖除此标准规定外，其他可参照原设计的技术文件执行。

七、汽车发动机曲轴修理技术要求

对于发动机曲轴修理的技术要求，在 GB 3802—1983《汽车发动机曲轴修理技术条件》中做了详细说明，具体内容如下。

①曲轴修复前应进行探伤检查，不得有裂纹。但轴颈上

沿油孔四周有长度不超过 5mm 的短浅裂纹或有未延伸到轴颈圆角和油孔处的纵向裂纹（轴颈长度小于或等于 40mm，裂纹长度不超过 10mm；轴颈长度大于 40mm，裂纹长度不超过 15mm）时，仍允许修复。

②曲轴滑动轴承轴颈磨损后，应按曲轴分级修理尺寸修理。组合式曲轴滚动轴承轴颈磨损超限，滑动轴承轴颈超过其允许的使用极限尺寸时，允许进行补偿修理，恢复至原设计尺寸。

③补偿修复轴颈时，可采用金属丝喷涂，电振动堆焊，镀铁、镀铬等方法。其他部位磨损超限后，根据情况，除可采用上述方法外，也可以采用手工电弧焊等方法进行恢复性修理。补偿修复层应均匀适当，力学性能满足使用要求。

④曲轴修磨后，同名轴颈必须为同级修理尺寸。

⑤曲轴主轴颈及连杆轴颈端面磨损超限后，应予修复至原设计规定的轴颈宽度。

⑥曲轴修复后，以两端主轴颈的公共轴线为基准时，应满足如下条件：

中间各主轴颈的径向圆跳动公差为 0.05mm；

各连杆轴颈轴线对主轴颈轴线的平行度公差——整体式曲轴为 $\varPhi 0.01$mm，组合式曲轴为 $\varPhi 0.03$mm；

与止推轴颈及正时齿轮配合端面的端面圆跳动公差为 0.05mm；

飞轮突缘的径向圆跳动公差为 0.04mm，外端面的端面圆跳动公差为 0.06mm；

带轮的轴颈径向圆跳动公差为 0.05mm；

正时齿轮的轴颈径向圆跳动公差为 0.03mm；

变速器第一轴轴承孔的径向圆跳动公差为 0.06mm；

油封轴颈的径向圆跳动公差，采用回油槽防漏的为 0.10mm，采用油封圈防漏的为 0.05mm。

⑦各主轴颈及连杆轴颈的圆柱度公差为 0.005mm。

⑧连杆轴颈的回转半径应符合原设计规定的基本尺寸，整体式曲轴的极限偏差为 ±0.15mm，但同一曲轴各回转半径差不得超过 0.20mm，组合式曲轴的极限偏差应符合原设计要求。

⑨以装正时齿轮的键槽中心平面为基准，连杆轴颈的分配角度偏差为 ±30°。

⑩启动爪螺孔螺纹损伤不得多于两牙。

⑪主轴颈及连杆轴颈表面粗糙度值应低于 $Ra0.4\mu m$，圆角处表面粗糙度值低于 $Ra0.8\mu m$。

⑫主轴颈和连杆轴颈两端的圆角半径应符合原设计规定。但采用金属丝喷涂和电镀修复的曲轴，修竣后的圆角半径允许适当减小。

⑬组合式曲轴必须按原位装配，装合后各滚动轴承轴颈的同轴度公差应符合原设计规定。

⑭曲轴油道应清洁畅通，油孔应有倒角。

⑮曲轴须进行平衡试验，其不平衡量应符合原设计规定。

⑯本标准未规定的其他技术要求，应符合原设计规定。

第二节 汽缸盖与配气机构检修

一、拆卸正时带（链）和正时齿（链）轮注意事项

①用钳子夹住张紧轮一侧的张紧轮弹簧的端部，从张紧轮支架钩上卸下弹簧。

②松开张紧轮安装螺栓，并卸下正时带。

③拆卸凸轮轴正时带轮螺栓时，应先利用专用工具固定凸轮轴正时带轮，然后再拆下凸轮轴正时带轮螺栓。

④拆下正时带张紧轮之后，绝不能转动曲轴和凸轮轴，否则会使活塞与气门互相冲撞，导致这些零件损坏。

⑤切勿使用旋具之类的工具拆卸正时带，切勿以很小半径急剧弯曲正时带，以防损坏。

⑥为保证按原方向组装，应用粉笔在正时带背面标上转动方向。

二、修磨气门与气门座的技术要求

①气门与座圈工作锥面角度应基本一致。

②气门与座圈的密封环带位置在中部靠里。过于靠外使气门的强度降低，过于靠里，会造成与座圈接触不良。

③气门与座圈的密封带宽度应符合原设计规定，一般为1.2~2.5mm。排气门大于进气门的宽度；柴油机的宽度大于汽油机的宽度。密封带宽度过小，将使气门磨损加剧；环

宽度过大，容易烧蚀气门。

④气门工作锥面与杆部的同轴度和座圈与导管的同轴度应不大于0.05mm。

⑤气门杆与导管的配合间隙应符合原厂规定。

三、安装汽缸盖注意事项

①在安装汽缸盖之前，要将曲轴转动到第一缸的上止点位置。

②更换所有密封条和密封衬垫，并注意衬垫的位置。

③汽缸盖衬垫上刻有"OPEN TOP"字样的一面应正对着汽缸盖安装，朝向上方。

④汽缸盖、气门罩盖螺栓应按规定力矩，分3~4次对称拧紧。

四、配气机构装配与调整注意事项

①装配前必须对各机件进行清洗、检验。

②各零件必须按原位装入，不得装错。

③安装凸轮轴时，第一汽缸凸轮必须朝上。凸轮轴转动时，活塞不可置于上止点，以防损坏气门及活塞顶部。

④安装凸轮轴油封及气门杆油封时，在油封外周及唇边涂上润滑油，用专用工具装到合适位置。

⑤各紧固件必须按规定的顺序和拧紧力矩拧紧。

第三节 汽缸体与曲轴连杆机构检修

一、汽缸体裂纹检查方法

汽缸体裂纹的检查方法是水压试验法。试验时，用专用的盖板封住水道口，用水压机加压，在 0.35~0.45MPa 的压力下，保持 5min 时间，检查汽缸体外表面及汽缸等部位是否有渗漏现象。

二、汽缸体接合面检修方法

汽缸体接合面变形可采用直尺（或桥型平尺）与接合面靠合，利用塞尺测量两者之间间隙的方法来检查，如图 2-1 所示。

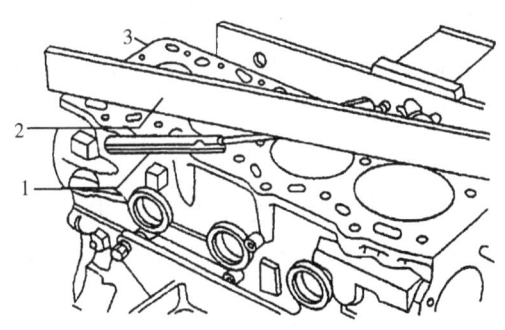

1—塞尺；2—直尺；3—汽缸体

图 2-1 汽缸体接合面检查方法

局部金属凸起变形,如螺纹孔周围金属凸起,可采用铲(刮)削法修复。

整体翘曲变形不是太大,可采用平面磨削法修复。

三、汽缸磨损检测要点

汽缸磨损测量是用量缸表测量汽缸的最大磨损直径、圆度和圆柱度3个指标。

1. 量缸部位

测量时用适当量程的量缸表按如图2-2所示的部位和要求进行测量,即在汽缸上部距汽缸上平面10mm处、汽缸中部和汽缸下部距缸套下平面10mm处这3处(a、b、c),按A、B两个方向分别测量一次。

2. 量缸的方法

测量汽缸时,先按汽缸标准尺寸将量缸表调整到指针对准刻度0处(应使量缸表测杆压缩1~2mm以留出测量余量),然后测量缸径。这样测出的读数加上汽缸的公称尺寸即为磨损后的汽缸直径。

3. 测量注意事项

①测量时,必须使测杆与汽缸中心线垂直。测量时应稍微摆动表杆,量缸表指示的最小读数,即为正确的汽缸直径,如图2-3所示。

②对于多缸发动机,应取误差最大的一个缸为准。一般发动机第一缸和最后一个缸磨损最大,测量时可重点测量这两个汽缸。

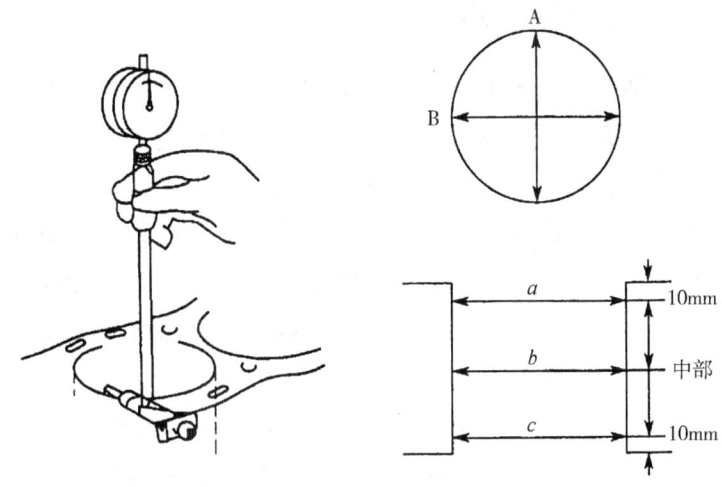

图 2-2 量缸部位

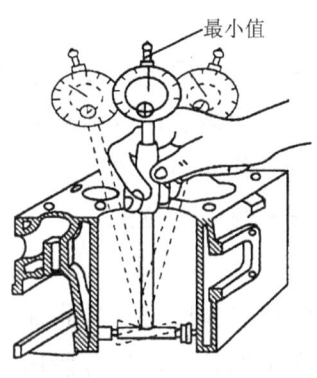

图 2-3 测量汽缸磨损

③不要在发动机修理台架上测量汽缸的内径,以防因缸体被夹紧变形而测量不准。

四、曲轴裂纹检测方法

曲轴裂纹一般出现在应力集中部位。在主轴颈或连杆轴颈与曲柄臂相连的过度圆角处,一般出现横向裂纹;在轴颈表面的油孔附近一般出现沿轴向延伸的纵向裂纹。曲轴轴颈表面不允许有横向裂纹。对纵向裂纹,其深度如果在曲轴轴颈修理尺寸以内,可通过磨削磨掉,否则曲轴应予以报废。常用的检查方法有磁力探伤、荧光探伤和浸油敲击法等。

(1) 磁力探伤

采用磁力探伤检查裂纹时,使磁力线通过被检查的部位,如果轴颈表面有裂纹,在裂纹处磁力线会偏散而形成磁极,将磁性铁粉撒在表面上,铁粉会被磁化并吸附在裂纹处,从而显现出裂纹的位置和大小。

(2) 荧光探伤

在曲轴的表面刷涂上一层荧光液,使荧光液渗透到曲轴表面微细裂纹里。半小时后,用温水将表面上的多余荧光液冲洗掉并烘干。用紫外线照射,渗入裂纹的荧光液便能发出鲜明的荧光,较清晰地显示裂纹。

(3) 浸油敲击法

采用浸油敲击法检查裂纹时,将曲轴置于煤油中浸一会儿,取出后擦净并撒上白粉,然后分段用锤子轻轻敲击。如果有明显的油迹出现,即该处有裂纹。

五、测量曲轴弯曲度操作要点

将曲轴第一道和最后一道主轴颈搁置在检验平板的 V 形架上，将百分表触头垂直地触及中间一道主轴颈，如图 2-4 所示。转动曲轴，此时百分表指针所示的最大摆差，即为曲轴主轴颈的弯曲度偏差。一般要求中型货车应不大于 0.15mm，轿车不大于 0.06mm，否则，应予以校正。

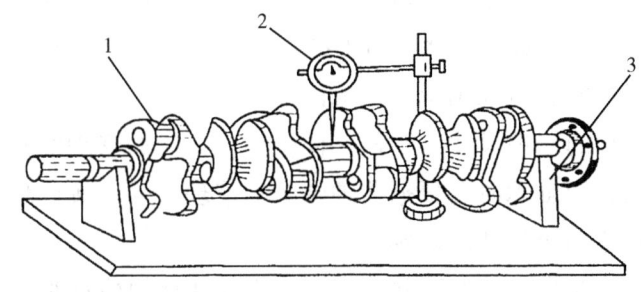

1-曲轴；2-百分表；3-V 形架

图 2-4 曲轴弯曲度的检测

六、主轴颈与连杆轴颈磨损测量操作要点

测定主轴颈及连杆轴颈的圆度和圆柱度误差，其目的在于决定轴颈是否需要修磨及修磨的修理尺寸。当曲轴主轴颈与连杆轴颈的圆度和圆柱度误差大于 0.025mm 时，应按修理尺寸修磨轴颈。桑塔纳、捷达轿车发动机曲轴轴颈修理分为三级尺寸规格，每 0.25mm 为一个级别。富康轿车发动机曲轴尺寸为标准尺寸和修理尺寸两种，当曲轴磨损超过

0.05mm时，则应选择加大+0.30mm级磨削曲轴，装用+0.30mm的轴承，否则更换曲轴。测量操作要点：用外径千分尺先在油孔两侧测量，然后旋转90°再测量，最大直径与最小直径之差的1/2为圆度误差；轴颈两端测量的直径差的1/2为圆柱度误差。

七、曲轴和连杆轴承选配方法

轴承选配前，应先检查轴承孔是否符合标准。要求轴承孔的圆柱度误差应不大于0.025mm。当轴承孔的圆柱度误差超过标准时，可在轴承盖两端面堆焊加工。

轴承的修理尺寸与轴颈一样，具有相应的修理级别。因此，在选配轴承时要根据曲轴轴颈的修理尺寸，按修理级别选用相应缩小尺寸的新轴承。

轴承在自由状态下并非正圆，要求轴承的曲率半径大于轴承孔的半径，这样轴承装入座孔后，可借轴承自身的弹性与轴承座及盖密合，以保证合适的过盈量。为防止轴承在座孔内产生轴向位移，要求定位凸点完整。轴承两端应高出轴承座及盖的结合平面0.03～0.06mm。检验时，将轴承及盖装好，适度拧紧螺栓至轴承外圆与底座密合为止，在轴承盖结合处，插入塞尺，测量轴承盖与汽缸体座孔两端接触面的间隙，插入0.10mm塞尺感觉合适而0.15mm塞尺不能插入为合格。

八、连杆变形的原因及校正操作要点

1. 原因

连杆在工作过程中承受着活塞传来的气体冲击力、旋转时的离心力和惯性力的作用,尤其当发动机工作不正常时(如超负荷、爆燃、用汽车惯性启动发动机等),会引起连杆弯曲、扭曲及双重弯曲变形。

另外,镗缸时如果定位不准确,会遗留下连杆弯曲的隐患。连杆弯曲会导致发动机活塞偏缸,引起敲缸、拉缸、偏磨等故障。

2. 操作要点

①校正时要记住弯曲和扭曲的方向,千万不能搞错。

②先校正扭曲,后校正弯曲。

③扭曲可将连杆夹在老虎钳上,用扭曲校正器、长柄扳钳或管子钳校正。

④弯曲在压床或弯曲校正器上校正。

⑤要有一定的过校正。

⑥要进行时效处理。

九、活塞连杆组组装注意事项

①必须把同一缸号的活塞连杆,按活塞顶部箭头和连杆铸造标记朝前的正确方向,组装成活塞连杆总成。

②活塞销装入活塞销座孔时,要用木锤(或铜锤)适当敲击,切忌用铁锤敲击或用大力敲击,以免活塞裙部变形。

③活塞销卡环距离环槽要有 0.10~0.25mm 的间隙，否则活塞销卡环将被顶出造成拉缸。

④安装活塞环时，要用专用工具安装，以免将环折断。

⑤活塞环安装方向不能错。用作刮油的正扭曲环，其内缺口或内倒角朝上，外缺口或外倒角朝下，否则活塞环的泵油作用得到加强，机油会大量窜入燃烧室而积碳。用作布油的反扭曲环，其安装方向与上相反。活塞环的端部侧面制有装配标记的，有标记的一面朝上安装。

⑥活塞环的安装位置不能错。有镀铬的活塞环一般安装在第一道活塞环槽内。因为镀铬环能增强环的耐磨性，延长环的使用寿命。环的标记常有"0""00"和"T1""T2"等，除环上有标记的一面朝上外，它们的安装顺序分别为第一、第二道。从活塞环的包装用纸颜色也可以辨别安装位置。例如，RIK 活塞环的色彩是第一道气环为蓝色，第二道气环为黄色，第一、第二道的形状相同时均为蓝色；第三道气环为白色，第四道气环为红色，第三、第四道形状相同时均为白色；第一道油环为绿色，第二道油环为红色，第一、第二道油环形状相同时均为绿色。

十、曲轴扭转减振器工作原理

为了消除曲轴的扭转振动，在曲轴前端装有扭转减振器。常用的扭转减振器有橡胶摩擦式、干摩擦式和黏液（硅油）式等几种，如图 2-5 所示。小型发动机多采用橡胶摩擦式扭转减振器。

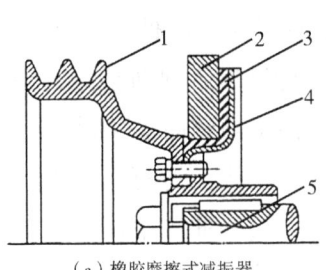 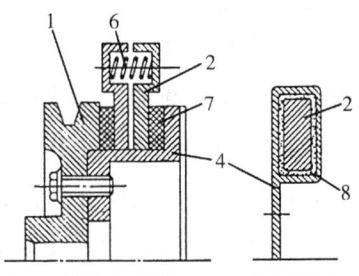

(a) 橡胶摩擦式减振器　　(b) 干摩擦式减振器　(c) 黏液（硅油）式减振器

1-V带盘；2-惯性盘；3-橡胶垫圈；4-减振器圆盘；5-曲轴前端轴；6-弹簧；7-摩擦片；8-硅油

图 2-5　曲轴扭转减振器

例如，橡胶摩擦式扭转减振器，它的转动惯量较大的惯性盘和用薄钢片冲压制成的减振器圆盘之间黏结着一层橡胶垫圈。减振器圆盘用螺栓与带轮及轮毂紧固在一起。当曲轴发生扭转振动时，曲轴前端的角振幅最大，并和装成一体的减振器圆盘一起振动。惯性盘则因转动惯量较大而相当于一个转速比较均匀的小飞轮。这样，减振器圆盘相对于惯性盘就产生了相对运动，而使橡胶垫圈产生正反方向交替变化的扭转变形。因变形而产生的橡胶内部的分子摩擦生热，消耗了扭转振动能量，使曲轴的扭转振幅减小，把曲轴共振转速移向更高的转速区域内，从而避免在常用转速内出现共振。

十一、曲轴飞轮组的动平衡

曲轴属于高速旋转的轴类零件，一定要做动平衡试验。飞轮是一种高速旋转的圆盘类零件，一定要做静平衡试验。

曲轴、飞轮组装在一起,成为一个总成,同样要做动平衡试验。零件是静平衡的,不一定是动平衡的;零件是动平衡的,则一定是静平衡的。如果曲轴飞轮组达不到动平衡的要求,将严重影响发动机的工作性能,甚至导致曲轴断裂。

曲轴的动平衡试验应在专用的动平衡机上进行,曲轴一般都带有平衡重。进行动平衡试验时,可在曲轴平衡重或曲柄臂上用钻孔或铣削的方法取得平衡。曲柄臂上钻孔深度不宜过深,否则使平衡效果减小。应在曲柄臂外缘表面上对称钻孔,深度一般不超过15mm。

飞轮做静平衡试验时,是在飞轮较重一侧去除一部分金属。

把分别处于平衡状态的曲轴和飞轮组装在一起,再做动平衡试验,直到符合要求为止。

拆卸曲轴飞轮组时,要观察平衡标志并记住。若没有平衡标志,拆卸时要做好平衡记号,以便以后的装配。

十二、汽缸体与曲柄连杆机构装配与调整注意事项

①曲轴与汽缸体在装配前必须彻底清洁,各油道应看不到油污存在。

②将已清洗干净的汽缸体倒置在工作台上。

③把轴承按原来的位置安装在轴承座上,衬瓦上油孔应和座上的油孔对准,其偏差不得超过0.5mm。轴承全部装复后,用手扳动曲柄臂,曲轴应能转动。

④各道轴承间隙应符合规定。复查曲轴轴向间隙应符合

规定。

⑤要注意曲轴上推片的安装方向，不能装错。

⑥为防止漏油，应注意以下几点。

A. 曲轴轴颈与轴承之间的间隙不得过大，如间隙过大，会使润滑油大量从间隙流失，并造成曲轴后端漏油。在装配时对轴承的松紧度应逐道检查。

B. 安装定位油封前，应检查油封与曲轴是否同心。如不同心，会因松紧不一致而漏油。

C. 油封松紧度应适当，过松会漏油，过紧会使轴颈摩擦阻力增大而发热，严重时会烧坏油封。

第四节　电控燃油喷射系统检修

一、燃油喷射系统执行器结构与工作原理

1. 电动燃油泵

目前，电控发动机燃油喷射系统趋向于采用平板叶片式电动燃油泵，简称叶片泵，其结构如图 2-6 所示，主要由平板叶片转子与泵体组成。叶片泵的转子是一块圆形平板，在平板的圆周上制有小槽，叶片上的小槽与泵体之间的空间便形成泵油腔室。

当燃油泵电动机运转时，电动机轴带动油泵转子一同旋转。由于转子转速较高，因此，在叶片小槽与泵体进油口之间就会产生真空。当叶片小槽转到进油口 B 处时，在真空吸

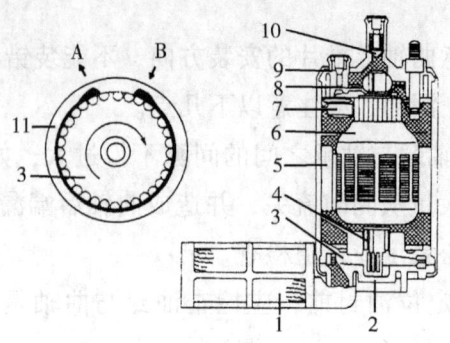

1-滤网；2-橡胶缓冲垫；3-平板叶片转子；4、8-轴承；5-永久磁铁；6-电枢；7-电刷；9-限压阀；10-单向阀；11-泵体；A-出油口；B-进油口

图 2-6　叶片泵的结构

力的作用下，燃油被吸入泵体内；当叶片小槽转到油泵出油口 A 处时，在离心力和燃油压力的共同作用下，燃油便从出油口压出并流向电动机。叶片泵出燃油越多，电动机壳体内的燃油压力就越高。当油压超过油泵单向阀弹簧的压力时，单向阀阀门打开，燃油便从单向阀经输油管输送到燃油分配管和喷油器。

2. 油压调节器

油压调节器结构如图 2-7 所示，主要由弹簧、阀体、阀门和铝合金壳体组成。阀体固定在金属膜片上，阀体与阀门之间安装有一个球阀。球阀用弹片托起，球阀与阀体之间设有一个弹力较小的弹簧，使球阀与阀门保持接触。在铝合金壳体上，设有油管接头和真空管接头，进油口接头与燃油分配管连接,回油口接头连接回油管并与油箱相通,真空管接头与节气门至进气支管之间的真空管连接。

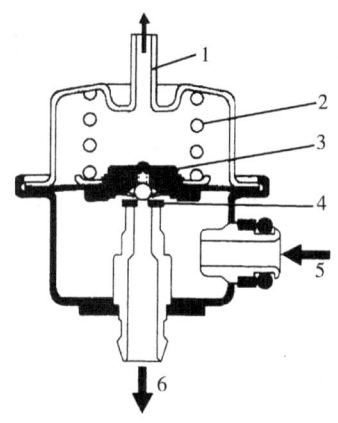

1-支管压力接头;2-弹簧;3-阀体;4-阀门;5-进油口;6-回油口

图 2-7 捷达 AT、GT′X 型轿车油压调节器的结构

油压调节器的调压原理与输出特性:供油系统的燃油从油压调节器进油口进入调节器油腔,燃油压力作用到与阀体相连的金属膜片上;当燃油压力升高使油压作用到膜片上的压力超过调节器弹簧的弹力时,油压推动膜片向上拱曲,调节器阀门打开,部分燃油从回油口经回油管流回油箱,使燃油压力降低;当燃油压力降低到调节器控制的系统油压时,球阀关闭,使系统燃油保持一定压力值不变。

在油压调节器上接有一个真空管,该真空管将发动机进气支管的真空度引入油压调节器的真空室。由于进气支管的压力始终低于大气压力,因此,当进气支管的压力随节气门开度变化而变化时,进气压力将对调节器膜片产生一个吸力,从而改变供油系统的燃油压力。

当发动机怠速运转时,进气支管的压力 P_i 约为 -54kPa,燃油压力 P_f 为

$$P_f = P_s + P_i = 300 + (-54) = -246 \text{（kPa）}$$

当发动机全负荷运转时,进气支管的压力 P_i 约为 -5kPa,燃油压力 P_f 为

$$P_f = P_s + P_i = 300 + (-5) = 295 \text{（kPa）}$$

由此可见,由于进气支管负压的作用,当发动机怠速运转,燃油压力达到246kPa时,油压调节器的球阀就会打开泄压;当发动机全负荷运转,燃油压力达到295kPa时,球阀才打开泄压。通过油压和进气负压的共同作用,使燃油分配管中的油压与进气支管中的气压之间压力差保持300kPa不变,如图2-8所示。其目的是保证喷油器喷油量的多少只与喷油器开启时间有关,而与系统油压和进气支管的负压等参数无关。

3. 怠速控制阀（ISCV）

脉冲电磁阀式ISCV的结构如图2-9所示,它主要由电磁线圈、复位弹簧、阀芯、阀座、固定铁芯、活动铁芯、进气口和出气口等组成。

阀芯固定在阀杆上,阀杆一端与固定铁芯连接,另一端设置有复位弹簧。进气口与节气门前端的进气管相通,出气口与节气门后端的进气管相通。

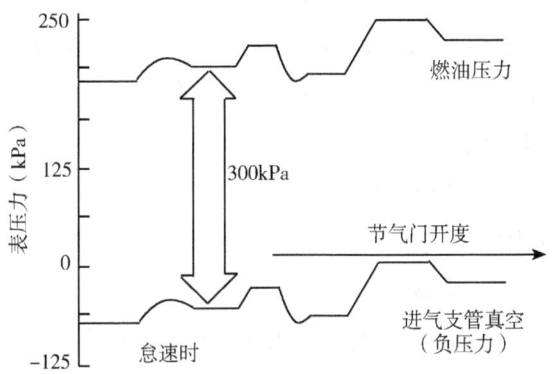

图 2-8 油压调节器输出特性

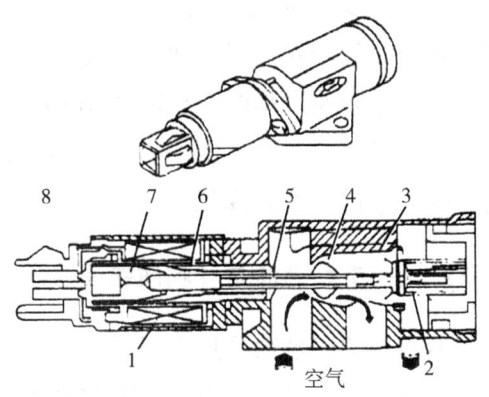

1-电磁线圈；2-复位弹簧；3-阀座；4-阀芯；
5-阀杆；6-固定铁芯；7-活动铁芯；8-插座

图 2-9 脉冲电磁阀式 ISCV 的结构

电磁线圈接通电流时就会产生电磁吸力。当线圈产生的电磁吸力超过复位弹簧的弹力时，活动铁芯在电磁吸力的作用下就会向固定铁芯方向移动,同时通过阀杆带动阀芯向右移动,使阀芯离开阀座将旁通空气道开启。当电磁线圈断电时,活动铁芯与阀芯在复位弹簧弹力的作用下左移复位,将旁通空气道关闭。

旁通空气道开启与关闭的时间由电子控制单元(ECU)发出的占空比信号控制。发动机工作时,ECU根据怠速转速高低,向脉冲电磁阀发出频率相同而占空比不同的控制脉冲信号,通过改变阀芯开启与关闭时间来调节旁通进气量。

占空比在0~100%范围内变化。当怠速转速过低时,ECU将自动增大占空比,使电磁线圈通电时间增长,断电时间缩短,阀门开启时间增长,旁通进气量增多,怠速转速将升高。反之,当怠速转速过高时,ECU将减小占空比,使电磁线圈通电时间缩短,断电时间增加,阀门开启时间缩短,旁通进气量减少,怠速转速将降低。

二、检测或更换电动燃油泵及喷油器注意事项

①旧油泵不能干试。当油泵拆下后,由于泵壳内有剩余汽油,因此,在通电试验时,一旦电刷与换向器接触不良产生火花,引燃泵壳内汽油而引起爆炸,其后果不堪设想。

②新油泵也不能干试。由于油泵电动机密封在泵壳内,干试时通电产生的热量无法散发,电枢过热就会烧坏电动机,因此,必须将油泵浸泡于汽油中进行试验。

③在检查喷油器喷油性能时,一定要清楚喷油器是高电

阻型还是低电阻型。高电阻型的电阻一般为 12~14Ω，可以直接接蓄电池来进行喷油器喷油性能试验。但低电阻型喷油器电磁线圈的电阻一般只有 2~3Ω，直接接蓄电池会因电流过大而烧坏喷油器，须采用专用连接器与蓄电池连接。若采用普通导线，则需串联一个 8~10Ω 的电阻。

④安装喷油器时，注意不要损坏新更换的 O 形圈，以免影响喷油器的密封性。

⑤安装喷油器时，应用燃油先润滑 O 形圈，切勿采用机油和齿轮油等润滑。

三、检修节气门控制组件注意事项

检修桑塔纳 2000GSi，捷达 AT、GTX，红旗 CA7220E 型轿车节气门控制组件注意事项如下。

①节气门控制组件为一整体结构，壳体不能打开。

②怠速参数的基本设定已由制造厂设定在电控单元中，不需要人工调整。

③拆装或更换节气门组件后，必须用专用检测仪 V·A·G1551 或 V·A·G1552 重新进行一次基本设定。进行基本设定时，如有下列情况，则发动机怠速仍不能正常工作。

A. 节气门轴因油泥沉积等原因而转动不灵活时。

B. 节气门拉索调整不当时。

C. 蓄电池电压过低（低于 11V）时。

D. 节气门控制组件线束或连接器不良时。

四、燃油与进气系统其他部件检修注意事项

①遇有发动机工作不良时,应注意检查空气流量计、节气门体、辅助空气阀、怠速稳定阀及废气再循环阀等有无松动,空气软管及其接头有无破损、漏气。

②发动机熄火后,输油管中还存有一定压力的燃油压力,所以,拆卸油管时应防止燃油喷出而造成危险。

③输油管路中的密封垫圈为一次性的,装配时应重新更换,切勿重复使用。

④拆下空气流量计后要稳拿轻放,不要解体空气流量计,以免损坏或影响其检测精确度。

⑤清洁空气流量计时,切勿用水或清洗液冲洗。

⑥空气流量计上的调整螺钉是用于调整怠速时一氧化碳的含量。一般情况下不应去动它,调整不当将会引起发动机的动力下降,油耗增加。

⑦水温传感器长期使用后,性能会发生变化。水温传感器这种性能参数的改变往往不被自诊断系统所识别。因此,当发动机工作不正常(如不能启动、怠速不稳、油耗增加等),而故障自诊断系统又未指示水温传感器故障代码时,不要忽略对水温传感器的检查。

⑧检修氧传感器时,要注意不要让氧传感器跌落碰撞其他物体。更换时,一定要用专用的防粘胶刷涂螺纹,以免下次拆卸困难。

第五节　冷却润滑系统检修

一、冷却系统工作性能的检查方法

1. 外观检查

外观检查主要是察看散热器、水泵、水管、水套、放水开关等部位是否漏水，冷水水量是否足够，风扇和散热器的距离是否正确，皮带两侧面是否磨损。外观检查应在静止的冷发动机上进行，因为冷却系统的外部渗漏在冷态时容易被发现，当发动机处于热态时，这种泄漏因蒸发而不易被发现。对那些不容易接近的部位（汽缸体后部、放水阀及水泵的密封圈等）可以通过留在地面上的水迹判断泄漏部位。检查风扇皮带松紧度可用拇指压在风扇和发电机皮带轮中间的皮带上，施加 20~50N 的力，皮带压进距离应在 10~20mm 之间。

2. 密封性检查

密封性检查一般采用气压试验法，主要检查内部渗漏。一般常见的内部渗漏有汽缸垫漏气、缸盖螺栓松脱及缸盖或缸体上有裂纹等。下面介绍两种气压试验方法。

（1）汽缸漏气试验

可用旧的火花塞壳制成一个连接器，通过它依次对每个火花塞孔输入 700kPa 的压缩空气，这时活塞应处于压缩行程的上止点。如果将缸盖上的出水软管拆去，汽缸漏气时冷却水中将有气泡冒出,或从出水口水位升高反映出来。这种方法,也是检验气门漏气的有效方法。另外,还可以采用QLY-1型汽缸漏气量检验仪进行检验。

(2) 冷却系统密封性试验

在发动机不工作时,将50kPa的压缩空气从散热器放水阀引入(图2-10),如果气压不降低,表示散热器加注口密封正常。启动发动机,然后再通入20kPa的压缩空气,若冷却系统工作正常,气压表指针应抖动,不抖动表示节温器阻塞。气压表指针迅速上升至50kPa,表示散热器阻塞或汽缸垫漏气,此时应立即停止发动机。停歇发动机后,压力表指针不立即下降,故障属于散热器水管阻塞;指针迅速下降,说明汽缸垫漏气,应查看有无漏水处。

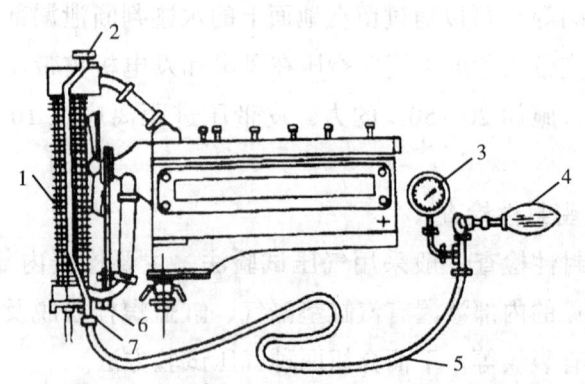

1—散热器;2—水箱盖;3—压力表;4—橡皮球;5—软管;
6—放水开关;7—蒸汽引出管

图2-10 冷却系统密封性检查

3. 水泵性能检查

（1）水泵工作状态检查

打开散热器加水口盖，使发动机缓慢加速，察看加水口内冷却水的循环：若不断加快，则水泵工作正常，叶轮也不打滑；反之，水泵有问题。当不易从加水口观察冷却水的循环情况时，可用另一方法，让发动机在水温高时熄火，并迅速拆下汽缸盖通往散热器上水室接头的胶管，再用布团将上水室接头塞住，从加水口向散热器内加注冷却水，再启动发动机，如果汽缸水套内和散热器中的水，被水泵泵出胶管口外 200mm 左右，说明水泵工作正常，叶轮也不打滑。反之则异常。

（2）水泵流量试验

水泵流量试验须在专用试验台上进行，由试验台驱动装置带动水泵转动，观察排水量是否符合制造厂的标准或者是否有漏水现象。

4. 水温表故障检查

正常的水温表，在打开点火开关后，指针应从 100℃ 向 40℃ 方向偏转，然后逐渐指示正确水温。当打开点火开关，仪表板上的其余仪表正常，水温表如果不动，可能有两种情况：一是水温表已坏；二是水温表未坏，而水温传感器已坏。用旋具将水温传感器接线柱与机件短路，若水温表指针从 100℃ 向 40℃ 转动，说明水温表正常，传感器有故障。如水温表指针仍然不动，说明水温表本身有故障。当打开点火开关，水温表指针迅速从 100℃ 位置移至 40℃ 位置，但发动机温度升高后,指针仍然在40℃位置不动,此时可拆下传感器导线,若指针迅速从40℃位置回到100℃位置,则说明水温表传感器内部有短路之处;若指针仍然在40℃位置不动,则说明水温表至传感器的连接导线有短路之处。诊断时若发现传感器内部有故障,接线与发动机机体间发生短路,应立即关掉点火开关,以免烧坏水温表。

5. 散热器水管堵塞检查

散热器水管因杂质、油污、积垢多而堵塞时,就会因冷却水循环受阻而使水温过高。检查的方法是打开散热器加水口盖,使上水室的水位低于加水口10mm左右,然后启动发动机,先以怠速运转,注意观察水流和水位,随后使发动机转速提高到1 200r/min,仔细观察转速提高时的水位变化,如果比怠速时水位升高,甚至冷却水溢出加水口,说明管道堵塞;如果比怠速时水位略低,而且又随着发动机转速的稳定,水位相对保持不变,则表示散热器畅通,水管无堵塞。

二、节温器结构与工作原理

节温器用来控制通过散热器冷却液的流量。目前,多数发动机采用的是蜡式节温器,安装于汽缸盖出口处或汽缸体进口处。蜡式节温器分为单阀式和双阀式两种(图2-11),现在多采用双阀式节温器。中心杆的上端固定于支架上,下端插入橡胶管的中心孔内。橡胶管与节温器感应体外壳之间形成的腔体内装有石蜡,感应体外壳上套装有阀门,在主阀门与支架下底之间装有主阀门弹簧。

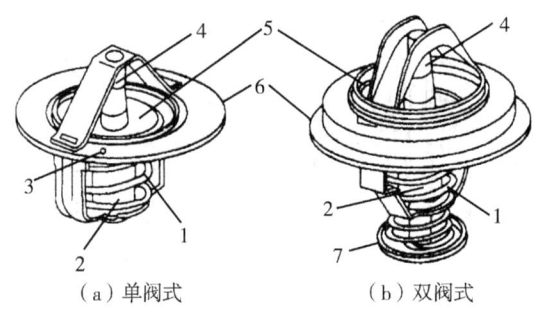

1-主阀门弹簧；2-感应体；3-通气孔；4-中心杆；5-主阀门；6-阀座；7-副阀门

图2-11 蜡式节温器结构

蜡式节温器的工作原理如图2-12所示。常温下石蜡呈固态，主阀门弹簧压紧在阀座上，处于关闭状态，此时冷却液只能进行小循环，如图2-12（a）所示。发动机汽缸盖出水口的冷却液，经水泵流回汽缸体水套中。当冷却液温度达到76℃时，固态石蜡变成液态，体积膨胀，迫使橡胶管收缩，对推杆产生向上举力。固定不动的推杆对橡胶管、节温器外壳产生向下反推力，当反推力克服弹簧的预紧力时，主阀门开始打开。冷却液温度超过86℃时，主阀门全部开启，副阀门关闭。汽缸盖出水口处的冷却液全部流进散热器，冷却液进行大循环，如图2-12（b）所示。

当发动机水温处于76～86℃时，主副阀门都部分开启，冷却水大小循环同时存在，该冷却水的循环为混合循环。

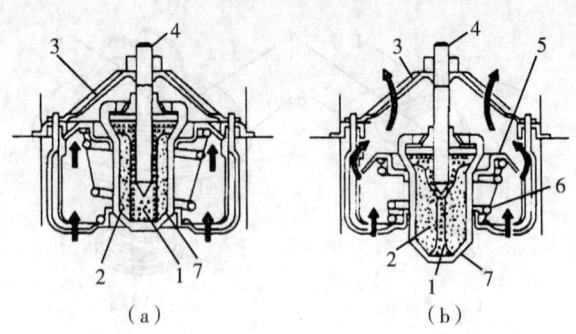

1-橡胶管；2-石蜡；3-支架；4-中心杆；5-主阀门；
6-主阀门弹簧；7-感应体

图 2-12 蜡式节温器工作原理

三、电动风扇结构与工作原理

目前，轿车发动机广泛采用电动风扇，其叶片多用塑料或铝合金铸成翼形断面。风扇不再与水泵同轴，经热敏开关和点火开关控制并直接由电动机驱动。

桑塔纳2000型轿车的AJR型四缸电喷发动机装有两个温控电动风扇。风扇电动机由装在散热器一侧的双速热敏开关控制，其原理如图2-13所示，当冷却液温度为84~91℃时，风扇停转；当冷却液温度为92~98℃时，风扇以2 300r/min低速运转；当冷却液温度升至99~105℃时，风扇以2 800r/min高速运转；当冷却液温度降至92~98℃时，风扇又改为低速运转。

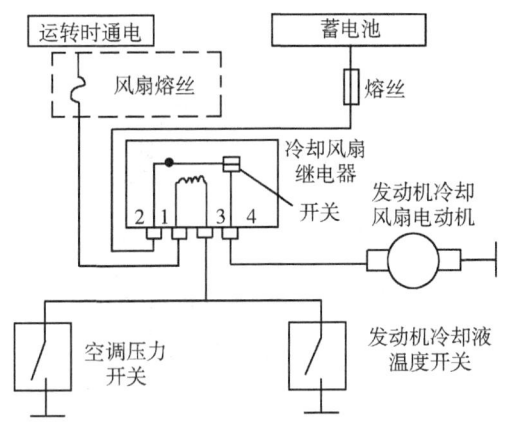

图 2-13　电动风扇控制原理

四、机油泵分类、结构与工作原理

机油泵是将一定流量和压力的机油通过油道送往各润滑点。汽车上常用的机油泵有齿轮式和转子式两种。

1. 齿轮式机油泵

齿轮式机油泵的结构如图 2-14 所示，它由两个互相啮合的齿轮组成。当机油泵工作时，进油腔内的机油沿着齿槽和泵壁之间的空间被送到出油腔，由于轮齿向啮合方向运动而使容积减小，因此，油压升高，机油经出油口进入发动机润滑油道。

2. 转子式机油泵

转子式机油泵由内转子、外转子、主动轴、泵体、泵盖等组成，其结构如图 2-15 所示。机油泵进、出口之间还装

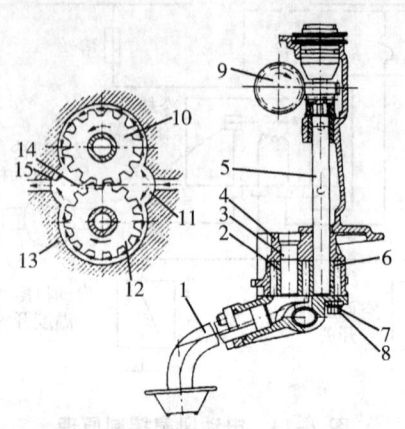

1-集滤器；2-从动轮；3-从动轴；4-油泵壳；5-主动轴；
6-主动轮；7-泵盖；8-螺钉；9-中间轴传动齿轮；10-主动齿轮；
11-进油腔；12-从动齿轮；13-泵体；14-泄油阀；15-出油腔

图2-14 齿轮式机油泵结构

有柱塞限压阀。

　　在转子式机油泵壳体内，装有主动的内转子和从动的外转子。内转子固定在主动轴上，外转子在泵壳内可自由转动，两者之间有一定偏心距，内转子旋转时，带动外转子旋转，转子齿形齿廓设计得使转子转到任何角度时，内、外转子每个齿的齿形齿廓线上总能互相接触，这样，内、外转子间便形成4个工作腔。某一工作腔从进油孔转过时容积增大，产生真空，机油经进油孔吸入。转子继续旋转，当该工作腔与出油孔相通时，腔内容积减小，油压升高，机油经过出油孔压出。

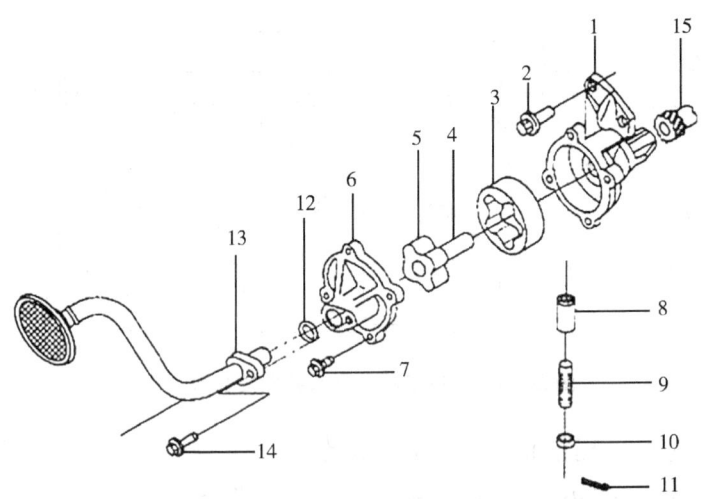

1-机油泵壳体；2-组合螺栓；3-机油泵外转子；4-机油泵主动轴；5-机油泵内转子；6-机油泵盖；7-组合螺栓；8-柱塞、机油泵限压阀；9-弹簧、机油泵限压阀；10-堵盖、机油泵限压阀；11-开口销；12-O形橡胶密封环；13-机油集滤器总成；14-螺栓；15-齿轮驱动机油泵与分电器

图2-15 转子式机油泵结构

第六节 点火系统维修

一、微机控制点火系统的控制原理

微机控制点火系统的控制原理如图2-16所示，曲轴位置传感器（CPS）向ECU提供发动机转速、曲轴转角信号，转速信号用于计算确定点火提前角，转角信号用于控制点火

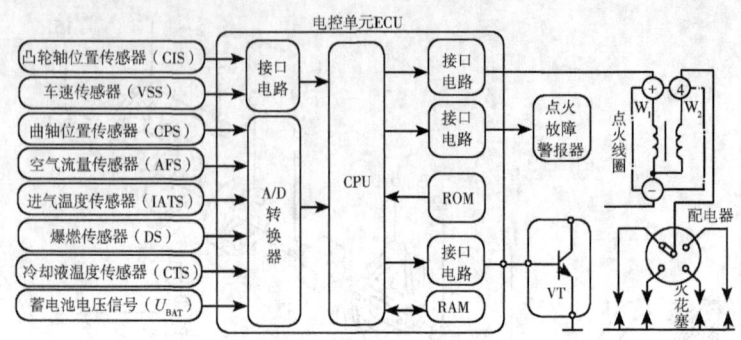

图 2-16 微机控制点火系统的控制原理

时刻（点火提前角）。空气流量传感器（AFS）和节气门位置传感器（TPS）向 ECU 提供发动机负荷信号，用于计算确定点火提前角。冷却液温度传感器（CTS）、进气温度传感器（IATS）、车速传感器（VSS）、空调开关信号（A/C）及爆燃传感器（DS）等，用于修正点火提前角。

　　发动机工作时，CPU 通过上述传感器把发动机的工况信息采集到随机存储器中，并不断检测凸轮轴位置传感器信号（标志位信号），判定是哪一缸即将到达压缩上止点。当接收到标志信号后，CPU 立即开始对曲轴转角信号进行计数，以便控制点火提前角。同时，CPU 根据反映发动机工况的转速信号、负荷信号及与点火提前角有关的传感器信号，从只读存储器中查询出相应工况下的最佳点火提前角。在此期间，CPU 一直在对曲轴转角信号进行计数，判断点火时刻是否到来。当曲轴转角等于最佳点火提前角时，CPU 立即向点火控制器发出控制指令，使功率三极管截止，点火线圈一次绕组电流切断,二次绕组产生高压电,并按发动机点火顺序分配到各缸火花塞跳火点着可燃混合气。

上述控制过程是指发动机在正常状态下点火时刻的控制过程。当发动机启动、怠速或汽车滑行工况时,设有专门的控制程序和控制方式进行控制。

二、微机控制点火系统的配电方式

电子配电方式是指在点火控制器控制下,点火线圈的高压电按照一定的点火顺序,直接加到火花塞上的直接点火方式。常用电子配电方式分为双缸同时点火和各缸单独点火两种配电方式,如图2-17所示。

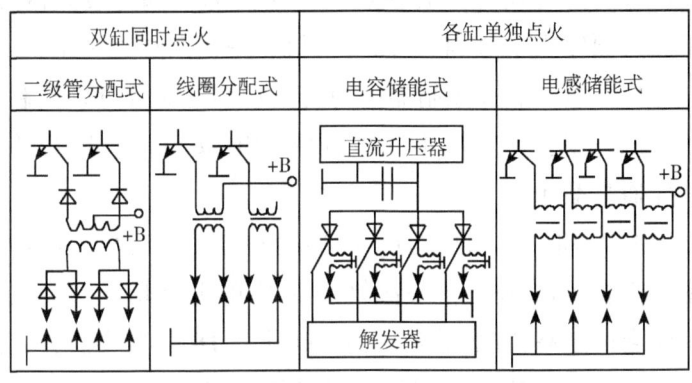

图2-17 高压电子配电方式的类型

1. 双缸同时点火的控制

双缸同时点火是指点火线圈每产生一次高压电,都使两个汽缸的火花塞同时跳火。二次绕组产生的高压电将直接加在两个汽缸（四缸发动机的一、四缸或二、三缸；六缸发动机的一、六缸，二、五缸或三、四缸）的火花塞电极上跳火。

双缸同时点火时，一个汽缸处于压缩行程末期，是有效点火，另一个汽缸处于排气行程末期，是无效点火。曲轴旋转一圈后，两缸所处行程恰好相反。双缸同时点火时，高压电的分配方式又分为二极管分配和点火线圈分配两种形式。

(1) 二极管分配式双缸同时点火的控制

利用二极管分配高压电的双缸同时点火电路原理如图2-18所示。点火线圈由两个一次绕组和一个二次绕组构成，二次绕组的两端通过4只高压二极管与火花塞构成回路。4只二极管有内装式（安装在点火线圈内部）和外装式两种。对于点火顺序为1-3-4-2的发动机，一、四缸为一组，二、三缸为另一组。点火控制器中的两只功率三极管分别控制一个一次侧绕组，两只功率三极管由ECU按点火顺序交替控制其导通与截止。

当ECU将一、四缸的点火触发信号输入点火控制器时，功率三极管VT1截止，一次绕组A中的电流切断，二次绕组中就会产生高压电动势，方向如图2-18中实线箭头方向所示。在该电动势的作用下，二极管VD1、VD4正向导通，一、四缸火花塞电极上的电压迅速升高直至跳火，高压放电电流经图中实线箭头所指方向构成回路；VD2、VD3反向截止，不能构成放电回路，因此，二、三缸火花塞电极上无高压火花放电电流而不能跳火。

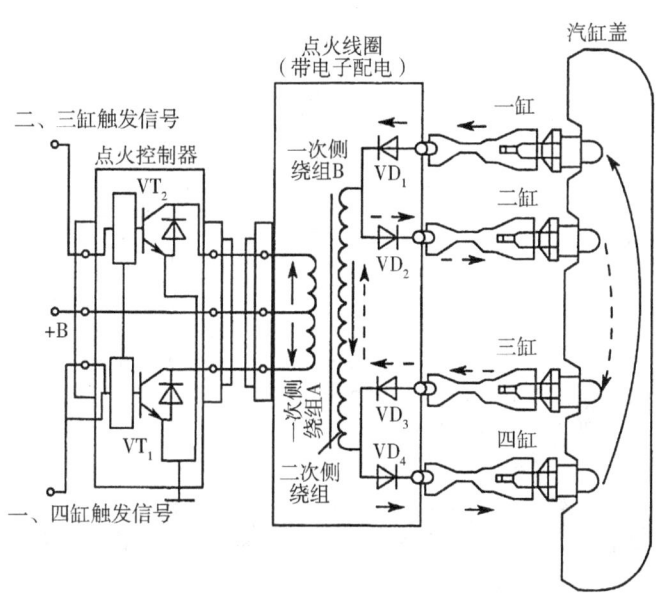

图 2-18 二极管分配高压电的双缸同时点火电路原理

当 ECU 将二、三缸点火触发信号输入点火控制器时，三极管 VT2 截止，一次绕组 B 中的电流切断，二次绕组产生高压电动势，方向如图 2-18 中虚线箭头方向所示。此时二极管 VD1、VD4 反向截止，VD2、VD3 正向导通，因此，二、三缸火花塞电极上的电压迅速升高直至跳火，高压放电电流经图中虚线箭头所指方向构成回路。

（2）点火线圈分配式双缸同时点火的控制

利用点火线圈直接分配高压的同时点火电路原理图如图 2-19 所示。点火线圈组件由两个（四缸发动机）或三个（六缸发动机）独立的点火线圈组成，每个点火线圈供给成

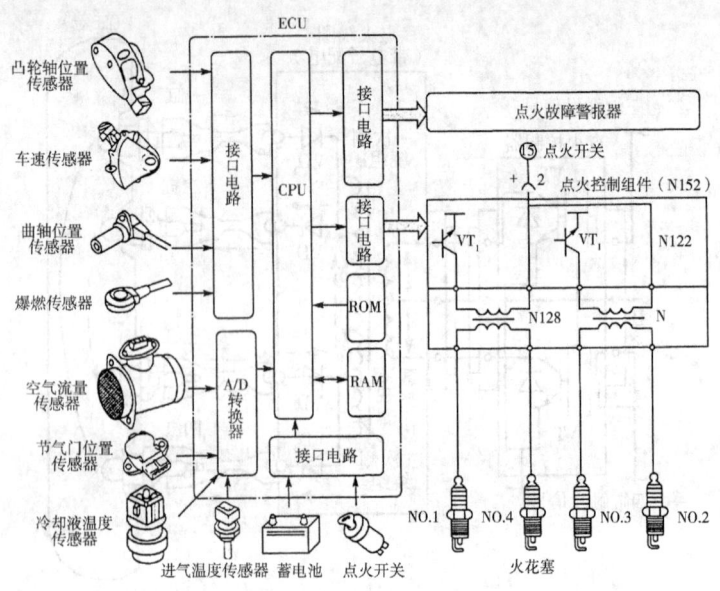

图 2-19 点火线圈分配高压同时点火电路原理

对的两个火花塞工作（四缸发动机的一、四缸和二、三缸分别共用一个点火线圈；六缸发动机一、六缸，二、五缸和三、四缸分别共用一个点火线圈）。点火控制组件中设置有与点火线圈数量相等的功率三极管，分别控制一个点火线圈工作。点火控制器根据 ECU 输出的点火控制信号，按点火顺序轮流触发功率三极管导通与截止，从而控制每个点火线圈轮流产生高压电，再通过高压线直接输送到成对的两缸火花塞电极间隙上跳火点着可燃混合气。

2. 各缸单独点火的控制

点火系统采用单独点火方式时，每一个汽缸都配有一个点火线圈,并安装在火花塞上方。在点火控制器中,设置有与点火线圈相同数目的大功率三极管,分别控制每个线圈二次绕组电流的接通与切断,其工作原理与双缸同时点火方式相同。单独点火的优点是省去了高压线,点火能量损耗进一步减少。此外,所有高压部件都可安装在发动机汽缸盖上的金属屏蔽罩内,点火系统对无线电的干扰可大幅度降低。

三、点火线圈结构与工作原理

1. 闭磁路式点火线圈的结构

汽车用闭磁路式点火线圈的结构基本相同,图2-20(a)所示为桑塔纳GLi、2000GLi型轿车微机控制点火系统闭磁路式点火线圈的结构,主要由铁芯、一次绕组和二次绕组构成。

铁芯由浸有绝缘漆的片状"山"字形硅钢片叠合成"目"字形,如图2-20(b)所示。铁芯上先绕二次绕组,一次绕组绕在二次绕组的外面,以利散热。为了减小磁滞现象,铁芯设有一个微小的气隙。由于铁芯构成的磁路几乎是闭合回路,因此,称为闭磁路式点火线圈。

2. 闭磁路式点火线圈的工作原理

桑塔纳GLi、2000GILi型轿车点火线圈与电控单元(J220)的电路连接如图2-20(c)所示。当点火开关接通时,低压电源经点火开关端子和电源线加到点火线圈端子(点火线圈正极)上。点火线圈端子(点火线圈负

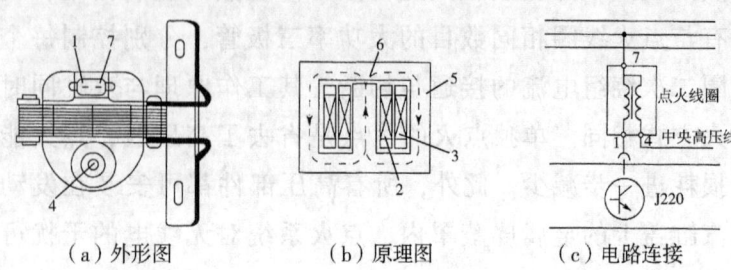

(a)外形图　　　(b)原理图　　　(c)电路连接

1-点火线圈负极；2-二次绕组；3-一次绕组；4-高压插孔；5-铁芯；
6-气隙；7-点火线圈正极

图2-20　桑塔纳GLi、2000GLi点火线圈结构与电路连接

极）与ECU内部的大功率三极管连接。其一次绕组电流的接通与切断由发动机电控单元内部电路进行控制。电控单元通过计算导通角大小来控制点火线圈一次绕组的通电时刻，通过计算点火提前角大小来控制一次绕组电流的切断时刻。

第三章 汽车底盘维修

第一节 离合器检修

一、膜片弹簧离合器的构造及工作原理

1. 膜片弹簧离合器的构造

膜片弹簧离合器采用膜片弹簧作为压紧弹簧，膜片弹簧压紧力分布均匀且当压盘和从动盘磨损时能自动调节压紧力。由于膜片弹簧离合器具有轴向尺寸小、结构简单、质量轻、操纵轻便和工作可靠等优点，在轿车等小型汽车上普遍采用，在一些载货汽车上也有应用（如解放 CA1092 汽车）。膜片弹簧离合器可分为推式膜片弹簧离合器和拉式膜片弹簧离合器两种形式。推式膜片弹簧离合器的结构如图 3-1 所示。

膜片弹簧离合器盖及压盘总成由离合器盖、枢轴环、膜片弹簧、压盘和传动钢片等组成，如图 3-2 所示。其中，膜片弹簧既是压紧装置，也是分离机构。

2. 膜片弹簧离合器的工作原理

膜片弹簧离合器的工作原理如图 3-3 所示。

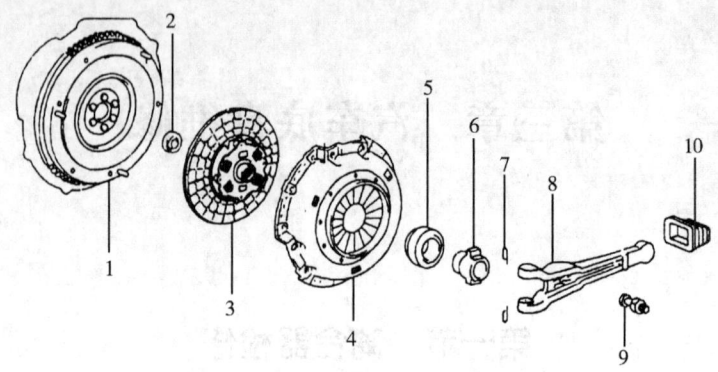

1-飞轮；2-导向轴承；3-从动盘总成；4-离合器盖；5-分离轴承；
6-分离轴承套；7-套夹；8-分离叉；9-分离叉支承；10-罩套

图 3-1 推式膜片弹簧离合器的结构

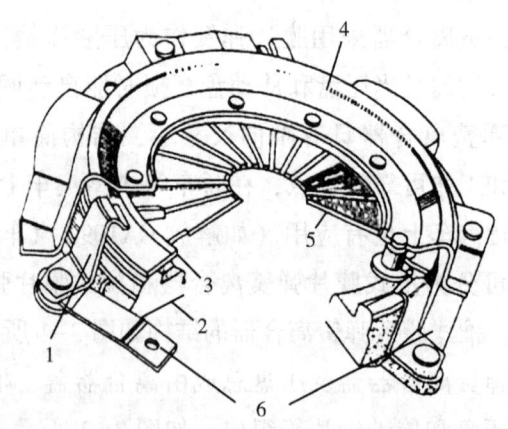

1-收缩弹簧；2-压盘；3-枢轴环；4-离合器盖；
5-膜片弹簧；6-传动钢片

图 3-2 膜片弹簧离合器盖及压盘总成结构

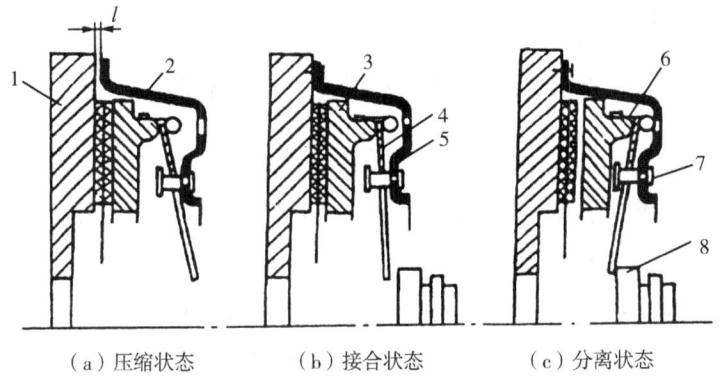

(a) 压缩状态　　　(b) 接合状态　　　(c) 分离状态

1-飞轮；2-离合器盖；3-压盘；4-膜片弹簧；5-钢丝支承环；6-分离钩；7-铆钉；8-分离轴承

图 3-3　膜片弹簧离合器的工作原理

离合器盖及压盘总成，以及从动盘在未固定到飞轮上时，离合器盖平面与飞轮支撑平面有一段距离，膜片弹簧处于自由状态，膜片弹簧不受力，这段距离就是离合器完合接合时膜片弹簧的压缩量，如图3-3（a）所示。

当离合器盖总成被固定到飞轮上时，膜片弹簧大端受压后移而产生位移，对压盘产生压力，使从动盘摩擦片被压紧在飞轮和压盘之间，此时离合器处在接合状态，如图3-3（b）所示。

当分离离合器时，借助踏板机构的操纵使分离轴承前移，推动离合器膜片弹簧小端前移，膜片弹簧以支承环为支点顺时针转动，膜片弹簧大端后移，通过分离钩拉动压盘离开从动盘,于是便完成了分离动作,使离合器处于分离状态,如图 3-3 (c) 所示。

二、检查或更换从动盘和压盘的操作要点

1. 检查、更换从动盘的操作要点

摩擦片有轻微的油污,可用煤油清洗干净后,用喷灯火焰烘干;有轻微硬化、烧蚀,可用砂布打磨;磨损严重,铆钉头埋入深度不符合规定(载货汽车一般为 0.5mm,桑塔纳为 0.30mm),或有裂纹、脱落、严重烧损或油污时,应予以更换。在距边缘 25mm 处测量从动盘的端面跳动量,极限值为 0.50mm,各铆钉不得松动,从动盘花键毂与变速器第一轴的配合间隙不大于 0.60mm。

2. 检查、更换压盘的操作要点

压盘工作平面烧蚀、龟裂、划伤不严重时,可用油石打磨光滑。沟槽深度超过 0.50mm 或平面度超过 0.12~0.20mm 时应磨削修复,但磨削总量不超过限度,一般为 1.0~1.5mm。磨削后的压盘应重新进行平衡。

三、装配与调整离合器的注意事项

①注意离合器盖与压盘间、平衡片与压盘间、离合器盖与飞轮间的装配记号,以免破坏动平衡。

②安装时应注意从动盘的方向不要搞错。

③大修的离合器应在装车前与曲轴飞轮组一起进行动平衡试验。

第二节 手动变速器检修

一、手动变速器的构造及工作原理

1. 普通变速器的组成

普通变速器由变速传动机构和变速操纵机构两大部分组成。

变速传动机构主要由输入轴、输出轴、中间轴、齿轮组、同步器、轴承和变速器壳等组成。变速操纵机构主要由变速操纵杆、拨叉、拨叉轴、锁止装置和变速器盖等组成。

2. 普通变速器的工作原理

普通齿轮式变速器是利用不同齿数的齿轮啮合传动实现转速和转矩的改变。由齿轮传动原理可知,一对齿数不同的齿轮啮合传动时可以变速,而且两齿轮的转速与齿轮的齿数成反比。

如图3-4(a)所示,当小齿轮为主动齿轮带动大的从动齿轮转动时,则输出轴(从动齿轮)的转速降低,称为减速传动。如图3-4(b)所示,当以大齿轮为主动齿轮,带动小的从动齿轮转动时,则输出轴(从动齿轮)的转速升高,称为加速传动。这就是齿轮变速的基本原理。一对齿轮传动只能得到一个固定的传动比,从而得到一种输出转速,并构成一个挡位。为了扩大变速器输出转速的变化范围,普通齿轮式变速器通常都采用多级大小不同的齿轮啮合传动,

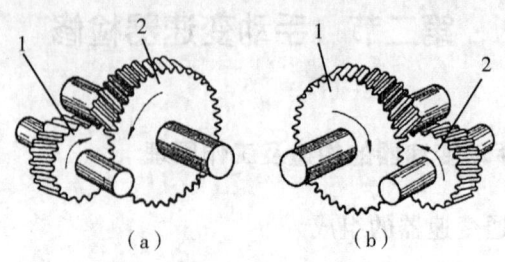

(a) 减速传动；(b) 加速传动

1-主动齿轮；2-从动齿轮

图3-4　齿轮变速基本原理

这样就构成了多个不同的挡位。

多级齿轮传动的传动比 i 为：

$$i = \frac{主动轮转速}{被动轮转速}$$

$$= \frac{从动齿轮齿数}{主动齿轮齿数}$$

二、变速器输入轴、输出轴、中间轴和倒挡轴检修操作要点

用百分表测量各轴中部径向跳动量。放在垫有平板的 V 形架上，用百分表测量变速器各轴径向跳动量，输入轴、输出轴及中间轴和倒挡轴的径向跳动量要求不大于 0.025mm，使用极限为 0.06mm，如超过使用极限，说明轴的直线度超差，应予以校正或更换。

轴颈的磨损可用外径千分尺测量，各轴颈及轴承的配合应符合要求，如超过使用极限，可堆焊后修磨、镀铬修复或更换。

将变速器轴的花键插入与之配合的机件中，用手检查不应有松旷过大的感觉。也可用百分表检查，配合间隙不大于0.8mm；用游标卡尺测量花键厚度，磨损不大于0.4mm。手动变速器修理技术条件规定：各轴花键与滑动齿轮键槽的侧隙允许比原设计规定增加0.15mm。

三、变速器齿轮的检修标准和方法

齿轮的工作面腐蚀斑点及剥落面积超过齿面的1/4，或齿轮出现裂纹，应予以更换。

常啮合齿轮齿厚磨损不得超过0.25mm，不常接合齿轮齿厚磨损不得超过0.40mm，齿轮内花键齿厚磨损不得超过0.20mm，齿长磨损不得超过原齿长的30%，否则，应予以更换。

用塞尺检查第二轴与倒挡轴齿轮的花键侧隙，如果超过使用极限，应予以更换。

齿面有轻微斑点、划痕、磨损台阶或边缘破损，可用油石或砂轮修磨。

四、同步器的构造与工作原理

1. 锁环式惯性同步器

各种汽车变速器所采用的锁环式同步器的具体结构因车型不同存在差异，但其构造和工作原理基本相同。解放

CA1092型汽车六挡变速器中的五、六挡同步器如图3-5所示。

（1）构造

该锁环式惯性同步器由花键毂、接合套、锁环（又称同步环）、三个滑块及其定位销和弹簧等组成。

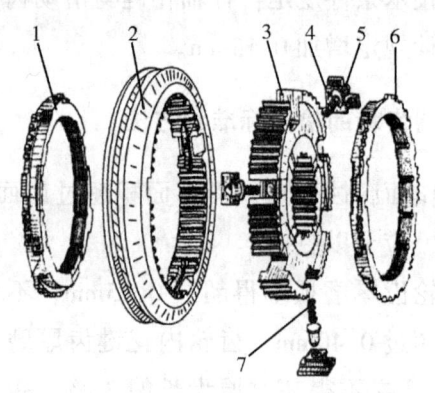

1,6-锁环；2-接合套；3-花键毂；4-滑块；5-定位销；7-弹簧

图3-5　锁环式惯性同步器构造

（2）工作原理

以由五挡升入六挡（直接挡）的换挡过程（图3-6）为例，说明锁环式惯性同步器的工作原理。

图3-6（a）所示为接合套刚从五挡退到空挡时的情况。此时，接合套及滑块都处于中间位置，并由定位销予以定位。锁环的内锥面与六挡接合齿圈的外锥面之间不相接触，即锁环在轴向是自由的。在圆周方向上，接合套通过滑块（靠在锁环缺口右侧）带动锁环一起在花键毂的推动下同步

旋转。这时，接合套和花键毂连同锁环（与第二轴相联系）及待啮合的六挡接合齿圈（与第一轴相联系），都在其自身及其所联系的一系列运动件的惯性作用下，继续沿原方向（图中箭头所示方向）旋转。

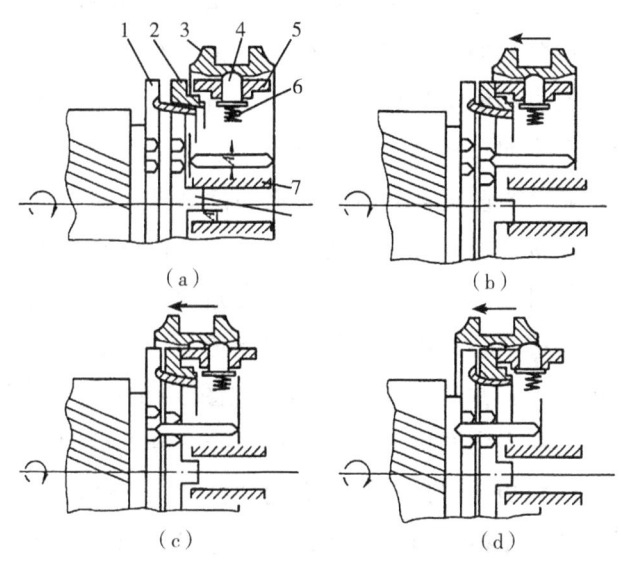

(a) 空挡；(b) 滑块接触锁环；(c) 接合套与锁环啮合；(d) 完成换挡

1-六挡接合齿圈；2-锁环；3-接合套；4-定位销；5-滑块；6-弹簧；7-花键毂

图3-6 锁环式惯性同步器的工作原理

要挂入六挡时，通过变速杆使拨叉推动接合套，并通过定位销带动滑块一起向六挡接合齿圈移动。滑块左端面与锁环的缺口端面接触时，便同时推动锁环移向接合齿圈，使两者锥面相接触如图3-6（b）所示。由于六挡接合齿圈与锁环转速不相等，所以在其接触锥面之间产生摩擦力矩。六挡接合齿圈便通过摩擦力矩的作用带动锁环相对于接合套及花键毂超前转过一个角度，使锁环缺口一侧与滑块压紧，缺口另一侧与滑块另一侧出现较花键齿宽略大一些的间隙。此时接合套的齿与锁环的齿相互错开约半个齿厚，即使得接合套的齿端倒角与锁环齿端的倒角恰好互相抵住，因而接合套不能再向左移动进入啮合。

如果要使接合套齿圈与锁环齿圈进入啮合，则必须使锁环相对接合套倒转一个角度。由于在接合套与锁环齿端倒角相抵触时，驾驶员始终对接合套施加一个轴向推力，此轴向力通过接合套作用于锁环齿端倒角上，形成倒角斜面上的法向正压力，并产生切向分力，如图3-6（a）所示。切向力便形成一个力图拨动锁环相对于接合套向后倒转的力矩，称为拨环力矩。但是，轴向力则使锁环与齿圈的锥面进一步压紧，产生摩擦力矩，迫使待啮合的齿圈相对于锁环迅速减速以尽快与锁环同步。由于齿圈及与其相联系的第一轴等零件的减速旋转，根据惯性原理，便产生一个与其旋转方向相同的惯性力矩，此惯性力矩通过摩擦锥面以摩擦力矩的形式作用到锁环上，阻止锁环相对于接合套向后倒转，此时处于锁止状态。在待六挡接合齿圈与锁环未达到同步之前，摩擦锥面的摩擦力矩在数值上就等于此惯性力矩。

当驾驶员继续对接合套施加推力，摩擦锥面之间的摩擦力矩就会使六挡接合齿圈的转速迅速降低，直至六挡接合齿圈与锁环的相对角速度为零，因而其惯性力矩也就消失。但是，拨环力矩仍然存在，于是在拨环力矩的作用下，锁环连同六挡接合齿圈及与其相联系的第一轴等零件都一起相对于接合套向后倒转一个角度，接合套与锁环的花键齿不再相抵触，锁环不再起锁止作用，接合套便在驾驶员所施加的轴向推力作用下，压下定位销继续向左移动，而与锁环的花键齿圈进入啮合，如图3-6（c）所示。

接合套与锁环进入啮合后，轴向力不再作用于锁环上，因此，锁环与齿圈锥面间的摩擦力矩也就消失。此时，驾驶员还要继续向前拨动接合套，使接合套最终与待啮合的六挡接合齿圈进入啮合。但是，如果此时接合套的花键齿恰好与六挡接合齿圈的花键齿发生抵触，如图3-6（c）所示，则作用于接合套上的轴向力在六挡接合齿圈的倒角面上也将会产生一个切向分力，靠此切向分力便可拨动六挡接合齿圈及与其相联系的零件相对于接合套转过一个角度，从而使接合套与六挡接合齿圈进入啮合，如图3-6（d）所示，即最终完成换入六挡的过程。

2. 锁销式惯性同步器

中型及大型载货汽车上普遍采用锁销式惯性同步器。现以东风EQ1090E型汽车变速器的四、五挡同步器为例，说明锁销式惯性同步器的结构和工作原理。

（1）结构

东风EQ1090E型汽车变速器的四、五挡同步器的结构如图3-7所示。

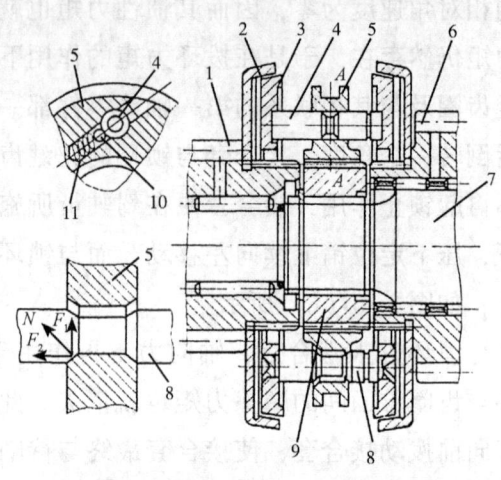

1-第一轴齿轮；2-摩擦锥盘；3-摩擦锥环；4-定位销；5-接合套；6、7-第二轴；8-锁销；9-花键毂；10-定位钢球；11-弹簧

图 3-7 锁销式惯性同步器的结构

(2) 工作原理

锁销式惯性同步器工作原理与锁环式惯性同步器类似，图 3-7 所示为由四挡退入空挡的位置。接合套由定位销和定位钢球定位在中间位置。当要挂上五挡时，向左拨动接合套，接合套便通过定位钢球和定位销推动左侧摩擦锥环向左移动，使之与左侧的摩擦锥盘相接触。由于此时摩擦锥环与摩擦锥盘转速不相同，所以两者一接触，便在其锥面摩擦力矩的作用下，使摩擦锥环连同锁销一起相对于接合套转过一个角度，使锁销中部环槽倒角与接合套销孔端倒角的锥面互相抵触，从而产生锁止作用，阻止接合套向左移动。与锁环式同步器一样，在锁止倒角上的切向分力也形成一个拨环力

矩，力图使锁销及摩擦锥环摩擦倒转，但在摩擦锥环与摩擦锥盘未达到同步前，由摩擦锥盘所形成的摩擦力矩总是大于拨环力矩，因而可以阻止接合套与齿圈在同步之前进入啮合。而只有达到同步后惯性力矩消失，拨环力矩便可拨动锁销及摩擦锥环、摩擦锥盘和齿圈等一起相对于接合套转过一个角度，使锁销重新与接合套的销孔对中，接合套便在轴向推力的作用下，压入定位钢球而沿定位销和锁销向左移动，与五挡（直接挡）第一轴齿轮进入啮合，即完成挂入五挡的换挡过程。

第三节　自动变速器检修

一、自动变速器的组成与分类

1. 自动变速器的组成

电控自动变速器主要由液力变矩器、齿轮变速机构、液压控制系统、电控系统等几部分组成。

2. 自动变速器的类型

按汽车驱动方式不同，分为后驱动自动变速器和前驱动自动变速器。

按前进挡位数不同，分为3个前进挡、4个前进挡、5个前进挡等自动变速器。

按齿轮变速器类型不同，分为普通齿轮式自动变速器和行星齿轮式自动变速器。

按变矩器类型不同，分为有锁止离合器自动变速器和无锁止离合器自动变速器。

按控制方式不同，分为液力控制自动变速器和电子液控制自动变速器。

二、电控自动变速器的基本控制原理

自动变速器通过传感器和开关信号监测汽车和发动机的运行状态，接收驾驶员的指令，将发动机转速、节气门开度、车速、发动机冷却液温度、自动变速器油温等参数转变为电信号，并输入 ECU。ECU 根据这些信号，按照设定的换挡规律，向换挡电磁阀、油压电磁阀等发出电子控制信号；换挡电磁阀和油压电磁阀再将 ECU 发出的控制信号转变为液压控制信号，阀板中的各个控制阀根据这些液压控制信号，控制换挡执行元件（离合器与制动器）的动作，从而实现自动换挡，如图 3-8 所示。

三、自动变速器油压试验注意事项

①试验时，发动机和自动变速器应达到正常工作温度。

②将汽车停放在水平地面上，检查发动机怠速和自动变速器液压油的油面高度。如不正常，应进行调整。

③拉紧驻车制动器，并用三角木块将 4 个车轮挡住。

④要有两个人配合，一人在驾驶室进行操作，另一人在车外做观察记录。

⑤必须保证油压表、油管等的连接良好，不能渗漏。并

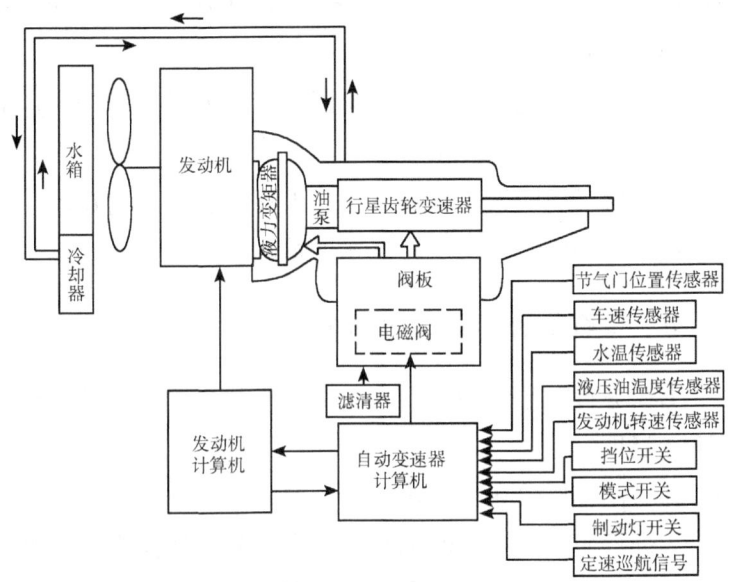

图 3-8 电控自动变速器基本控制原理图

将油压表放在便于观察的位置。

⑥连接油管及导线要远离汽车或发动机的旋转部件。

四、自动变速器失速试验注意事项

①失速试验时，时间不得超过 5s，以免油温过高而变质，以及造成密封件损坏。

②进行完一个挡位的试验后，不得立即进行下一挡位的试验，应在空挡或停车挡位运行 1min 左右时间，待油温下降后才能进行。

③试验结束后不要立即熄火，应将变速操纵手柄拨入空

挡或停车挡，让发动机怠速运转 1min 以上，以使自动变速器油温度正常。

④如果在试验中发现驱动轮因制动力不足而转动，应立即松开加速踏板，停止试验。

⑤试验要由两人配合进行，一人在驾驶室进行试验，另一人在车外观察车轮或车轮垫木的情况。

五、自动变速器时滞试验注意事项

①在进行时滞试验时，应使发动机和自动变速器达到正常工作温度。

②将汽车停放在水平路面上，拉紧驻车制动。

③进行完一个挡位的试验后，自动变速器操纵手柄处在"P"位或"N"位，发动机怠速运转 1min 左右，再做试验。

④同一项试验做 3 次，取其平均值。

第四节 驱动桥检修

一、组装主、从动锥齿轮，测量和调整轴承预紧度操作要点

①用压力机把主动锥齿轮轴前外轴承的外圈压入主减速器壳体轴承座。若原零件没有损伤，可重新装用，但轴承外圈与轴承应保持原配对，不可混装。

②用压力机把主动锥齿轮轴前内轴承的内圈压到主动圆

锥齿轮轴颈上，使其紧靠齿轮大端端部，并把后轴承的内圈压上，压靠至轴颈台肩。

③在主动锥齿轮轴颈上依次装上隔套、原有调整垫片、轴承座、前外轴承，放入止推垫圈和主动圆锥齿轮连接凸缘，先不装油封座及油封。在装好连接凸缘以后，再装上垫圈和槽形螺母，用规定力矩将螺母拧紧。此时用弹簧秤钩在凸缘螺孔处沿切线方向拉动，若能以规定的力（东风 EQ1090E 汽车为 16.7~33.3N）使其转动，轴承的预紧度是合适的。若不符合上述要求，可增减前轴承内圈的调整垫片，调整垫片厚度减小，则轴承预紧度增加，反之轴承预紧度减小。调整垫片的厚度有 0.50mm、0.25mm、0.15mm、0.10mm 共 4 种。主动圆锥齿轮轴承预紧度的检查方法是用手转动凸缘，应转动灵活无阻滞，沿轴向推拉凸缘，无间隙感为合适。

④轴承预紧度调好后，拆下连接凸缘。把内外油封及导向环装入油封座内，再将油封座及衬垫、连接凸缘、垫圈和槽形螺母依次装到主动圆锥齿轮轴上，然后按规定力矩拧紧槽形螺母，插入开口销并将其锁好。

二、差速器总成的装复及部分元件的检查与调整

1. 差速器总成的装配与调整

用压力机将轴承内圈压入左右差速器壳的轴颈上。

把左差速器壳放在工作台上，在与行星齿轮、半轴齿轮相配合的工作表面涂上机油，将半轴齿轮支撑垫圈连同半轴齿轮一起装入，将已装好的行星齿轮及其支撑垫圈的十字轴

总成装入左差速器壳的十字柄中,并使行星齿轮与半轴齿轮啮合。

在行星齿轮上装上右边的半轴齿轮、支撑垫圈,将从动圆柱齿轮、差速器右壳合到左壳上,注意对准壳体上的标记。从右向左装入螺栓,以规定力矩拧紧螺母。

检查半轴齿轮与支撑垫片之间的间隙,此间隙应不大于0.05mm,如不符合要求,更换新的支撑垫片。

将调整好的差速器总成装入主减速器壳中,装上两端的轴承外圈、轴承盖及调整螺母,通过调整螺母调整差速器轴承的预紧度。使轴承滚子处于正确位置,且轴承上应涂抹适量润滑油。正确的预紧度应当是用0.98~3.4N·m的力矩能灵活转动差速器总成(用弹簧秤钩在从动圆锥齿轮紧固螺栓上测量时的切向拉力应为11.3~25.9N),最后用锁片将螺栓锁紧。

2. 行星齿轮、行星齿轮轴、半轴齿轮、止推垫圈和壳体的检查与调整

差速器壳应无裂损,壳体与行星齿轮、半轴齿轮的接触面应光滑无沟槽。十字轴承孔的垂直度误差应不大于100mm±0.05mm。两轴线应相交,其位置度误差应不大于0.20mm。每一轴线应与半轴齿轮承孔轴线位于同一平面,其位置度误差均应不大于0.30mm。如以差速器壳与从动圆柱(锥)齿轮结合的圆锥面及端面为基准测量,半轴齿轮承孔及差速器轴承轴颈表面的径向圆跳动一般应不大于0.08mm。半轴齿轮及轴承之间结合端面对壳体轴承轴颈轴

线的端面跳动均应不大于0.05mm。半轴齿轮轴颈与差速器壳的配合间隙及十字轴轴颈与差速器壳、行星齿轮的配合间隙均应符合原厂或修理技术条件的规定。

三、主、从动锥齿轮啮合间隙与啮合印痕测量及调整要点

1. 标准印痕和啮合间隙

主、从动锥齿轮应沿齿长方向接触，其位置应控制在轮齿的中部偏向小端，离小端端部2~7mm，接触印痕的长度不小于齿长的50%，齿高方向的接触痕应不小于齿高的50%，一般应距齿顶0.80~1.60mm，啮合间隙为0.15~0.50mm。每一对锥齿轮副啮合间隙的变动量不得大于0.15mm。

2. 啮合印痕的检查方法

在从动齿上相隔120°的三处，用红丹油在轮齿的正、反面各涂三个齿，再用手对从动齿轮稍施加阻力并正、反向各转动主动齿轮数圈。观察从动齿轮的啮合印痕，应符合要求。

3. 主减速器的调整要点

①先调整轴承预紧度，再调整啮合印痕，最后调整啮合间隙。

②对啮合印痕和啮合间隙调整的过程中不得变更轴承预紧度。

③在保证啮合印痕的前提下调整啮合间隙，不符合要求应成对更换。

第五节 万向传动装置检修

一、普通十字刚性万向节等速传动条件

万向节的不等速性是指从动轴在转动一周内其角速度的不均匀性。单个十字刚性万向节的不等速性会使从动轴及与其相连的传动部件产生扭转振动,产生附加的交变载荷及振动噪声,影响零部件使用寿命。为避免这一缺陷,在汽车上均采用两个普通万向节,且中间以传动轴相连,利用第二个万向节的不等速效应来抵消第一个万向节的不等速效应,从而实现输入轴与输出轴等角速传动,但要达到这一目的,必须满足两个条件:

第一,第一个万向节的从动叉和第二个万向节的主动叉应在同一平面内,即传动轴两端的万向节叉在同一平面内;

第二,输入轴、输出轴与传动轴的夹角相等,即 $a_1 = a_2$,如图3-9所示。

满足上述两条件的等速传动有两种排列方式:平行排列,如图3-9(a)所示;等腰三角形排列,如图3-9(b)所示。

通过正确的装配工艺可以保证与传动轴两端相连接的万向节叉在同一平面内。但只有采用驱动轮独立悬架时,才有可能通过整车的总体布置来实现第二个条件。若驱动轮采用非独立悬架时,由于弹性悬架的振动,主减速器输入轴与变

速器输出轴的相对位置不断变化,不可能在任何情况下都保证 $a_1 = a_2$,此时万向传动装置只能做到使传动的不等速尽可能小。

等速传动是指传动轴两端的输入轴和输出轴而言。对传动轴来说,只要传动轴两端的输入轴和输出轴的夹角不为零,它就是不等角速转动,与传动轴的排列方式无关。

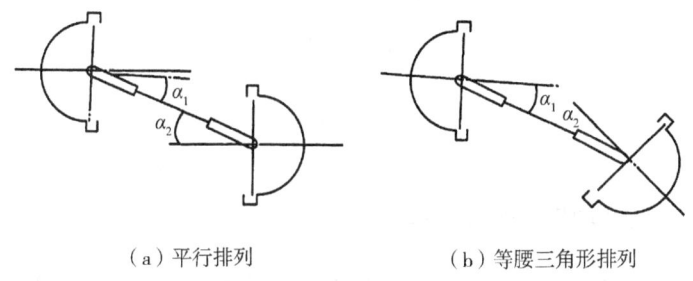

（a）平行排列　　　　　　（b）等腰三角形排列

图 3-9　双万向节等速排列方式

二、等速万向节传动原理

等速万向节的基本原理是从结构上保证万向节在工作过程中两轴的传力点永远位于两轴交点的平分面上。这一原理可用两个大小相同的锥齿轮传动说明,如图 3-10 所示。两个大小相同的锥齿轮的接触点 P 位于两齿轮轴线交角 a 的平分面上,由于 P 点到两轴的垂直距离都等于 r。P 点处两齿轮的圆周速度相等,两齿轮的角速度也相等,可见若万向节的传力点在其交角变化时,始终位于两轴夹角的平分面上,就能保证等速传动。

等速万向节的常见类型有球叉式、球笼式和三叉式。

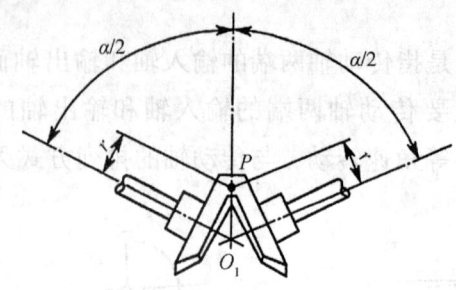

图 3-10 等速万向节的工作原理

三、传动轴装配要求

万向传动装配时,应注意装配位置对其传动速度特性的影响,装配时应注意以下问题。

(1) 清洁零件

待装零件应彻底清洗,特别是十字轴的油道、轴颈和滚针轴承,最好用清洁的煤油清洗后,再用压缩空气吹干。装配时,在轴颈和轴承上涂适量的润滑脂;应避免磕碰,并注意传动轴管两端点焊的平衡片是否脱落。

(2) 核对零件的装配标记

应认真校对十字轴及万向节叉、十字轴及短传动轴和滑动叉及花键轴管等的装配标记,按原标记装配。在安装滑动叉时,特别要保证传动轴两端万向节叉的轴承孔轴线位于同一平面上,其位置误差应符合原厂规定。

(3) 十字轴的安装

十字轴上的润滑脂嘴要朝向传动轴以便注油；两偏置油嘴应间隔180°，以保持传动轴的平衡。

(4) 中间支承的安装

将中间支承轴承对正后压入中间传动轴的花键凸缘内。压入时，不允许用手锤敲打轴承，以防止轴承内圈挡边破裂。紧固中间支承的前后轴盖上的三个紧固螺栓时，应支起后轮，边转动驱动轮边紧固，以便自动找正中心；也可以先不拧紧到规定力矩，待走合一段时间，自动找正中心后再按规定力矩拧紧。但在走合中，一定要注意紧固螺栓的松脱。

(5) 加注润滑脂

用油枪加注汽车通用的锂基2号或二硫化钼锂基脂。注油时，既要充分又不过量，以从油封刃口处或中间支承的气孔能看到有少量新润滑脂被挤出为宜。

第六节　机械转向器检修

一、机械转向器分类

普通机械转向器种类较多，一般常按转向器中啮合传动副的结构形式分类。目前，应用较广泛的有齿轮齿条式、循环球式和蜗杆曲柄指销式等几种。

二、齿轮齿条式转向器的结构和工作原理

齿轮齿条式转向器的结构如图 3-11 所示。齿轮齿条式转向器主要由转向器壳体、转向齿轮、转向齿条等组成。转向器通过转向器壳体的两端用螺栓固定在车身（车架）上。齿轮轴通过球轴承、滚柱轴承垂直安装在壳体中，其上端通过花键与转向轴上的万向节相连，其下部是与轴制成一体的转向齿轮。转向齿轮与转向齿条相啮合，齿条背面装有压簧垫块。在压簧的作用下，压簧垫块将转向齿条压靠在转向齿

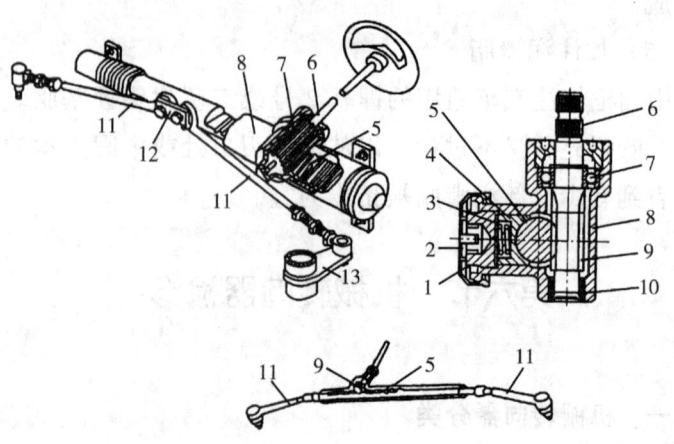

1-调整螺塞；2-罩盖；3-压簧；4-压簧垫块；5-转向齿条；6-齿轮轴；7-球轴承；8-转向器壳体；9-转向齿轮；10-滚柱轴承；11-转向横拉杆；12-拉杆支架；13-转向节

图 3-11　齿轮齿条式转向器的结构

轮上，保证两者无间隙啮合。调整螺塞可用来调整压簧的预紧力。压簧不仅起消除啮合间隙的作用，而且还是一个弹性支撑，可以吸收部分振动能量，缓和冲击。转向齿条的中部通过拉杆支架与左、右转向横拉杆连接。转动转向盘时，转向齿轮转动，与之相啮合的转向齿条沿轴向移动，从而使左、右转向横拉杆带动转向节转动，使转向轮偏转，实现汽车转向。

三、循环球式转向器构造和工作原理

循环球—齿条齿扇式转向器，如图3-12所示。它有两级传动副，第一级传动副是转向螺杆与转向螺母；转向螺母的下平面加工成齿条，与齿扇轴（摇臂轴）内的齿扇相啮合，构成齿条齿扇第二级传动副。转向螺母既是第一级传动副的从动件，也是第二级传动副的主动件。通过转向盘转动转向螺杆时，转向螺母不能随之转动，而只能沿转向螺杆轴向移动并驱使齿扇轴转动。转向螺杆支撑在两个推力球轴承上，轴承的顶紧度可用调整垫片调整。在转向螺杆上松套着转向螺母，为了减少它们之间的摩擦，两者的螺纹并不直接接触，其间装有许多钢球，以实现滚动摩擦。当转动转向螺杆时，通过钢球将力传给转向螺母，使螺母沿转向螺杆轴向移动。随着螺母沿转向螺杆做轴向移动，其齿条便带动齿扇绕着转向齿扇轴做圆弧运动，从而使转向齿扇轴连同摇臂产生摆动，通过转向传动机构使转向轮偏转，实现汽车转向。

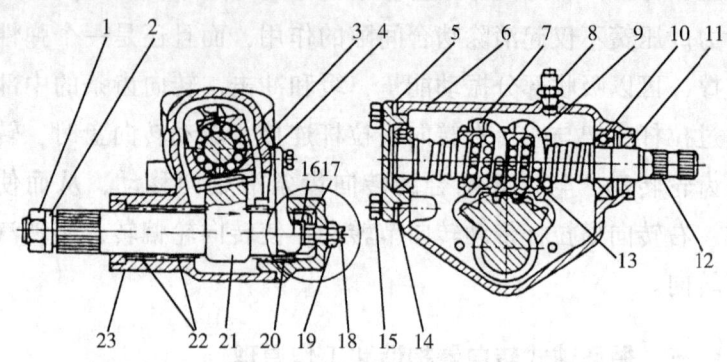

1—螺母；2—弹簧垫圈；3—转向螺母；4—转向器壳体密封垫圈；5—转向器壳体底盖；6—转向器壳体；7—导管夹；8—加油螺塞；9—钢球导管；10—球轴承；11、23—油封；12—转向螺杆；13—钢球；14—调整垫片；15—螺栓；16—调整垫圈；17—侧盖；18—调整螺钉；19—锁紧螺母；20、22—滚针轴承；21—齿扇轴

图3-12 循环球—齿条齿扇式转向器的结构

四、蜗杆曲柄指销式转向器构造和工作原理

图3-13所示为东风EQJ1090E型汽车所用的蜗杆曲柄指销式转向器，它主要由转向器壳体、转向蜗杆、转向摇臂轴、曲柄和指销、上下盖、调整螺塞和螺钉、侧盖等组成。传动副中主动件是转向蜗杆，从动件是装在摇臂曲柄端部的指销。具有梯形截面螺纹的转向蜗杆支撑在转向器壳体两端的两个蜗杆轴承上。转向器下盖上装有螺杆轴承调整螺塞，用于调整蜗杆轴承的预紧度，调整后用螺母锁住。蜗杆与两个锥形的指销相啮合，构成传动副。两个指

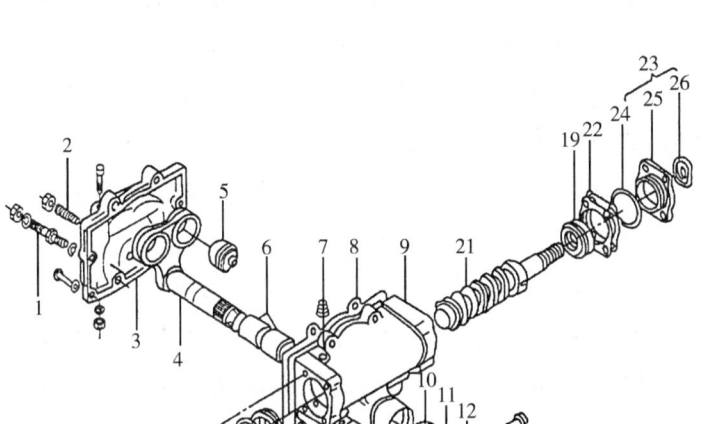

1—螺栓、螺母；2—摇臂轴调整螺钉及螺母；3、11—侧盖；4—转向摇臂轴；5—指销轴承总成；6—摇臂轴承调整螺塞；7—加油螺塞；8—侧盖衬垫；9—转向器壳体；10—油封；12—转向垂臂；13—螺母；14—螺杆轴承调整螺塞；15—下盖；16—下盖衬垫；17—蜗杆轴承垫块；18、24—密封圈；19—蜗杆轴承；20—放油螺塞；21—转向蜗杆；22—调整垫片；23—上盖总成；25—上盖；26—蜗杆油封

图3-13 蜗杆曲柄指销式转向器的结构

销均用双列圆锥滚子轴承支撑在曲柄上，并可绕自身轴线转动，以减轻蜗杆与指销啮合传动时的磨损，提高传动效率。销颈上的螺母用来调整轴承的预紧度，以使指销能自由转动而无明显的轴向间隙为宜，调整后用锁片（图中未示出）将螺母锁住。

安装指销和双排圆锥滚子轴承的曲柄制成叉形，与摇臂轴制成一体。摇臂轴用粉末冶金衬套支撑在壳体中。转向器侧盖上装有调整螺钉，旋入（或旋出）调整螺钉可以改变摇臂轴的轴向位置，以调整指销与蜗杆的啮合间隙，从而调整转向盘的自由行程，调整后用螺母锁紧。摇臂轴伸出壳体的一端通过花键与转向摇臂连接。

汽车转向时，驾驶员通过转向盘转动转向蜗杆（主动件），与其相啮合的指销（从动件）一边自转，一边以曲柄为半径绕摇臂轴轴线在蜗杆的螺纹槽内做圆弧运动，从而带动曲柄，进而带动转向摇臂摆动，实现汽车转向。

第七节　悬架系统检修

一、悬架的功用与组成

悬架是车架（或承载式车身）与车桥（或车轮）之间一切传力连接装置的总称。其功用是弹性连接车桥与车架或车身，把路面作用于车轮上的垂直反力、纵向反力和侧向反力及这些反力所形成的力矩都传递到车架上，衰减由于弹性系统引起的振动，以保证汽车的正常行驶。

现代汽车悬架结构形式多种多样，但一般都是由弹性元件、减振器和导向机构3部分组成。

二、悬架的种类

按控制形式不同,悬架可分为被动式悬架和主动式悬架两大类。

按汽车导向机构的不同,悬架可分为非独立悬架和独立悬架。

三、非独立悬架与独立悬架的典型结构

非独立悬架:图 3-14 所示为解放 CA1092 汽车的前悬架结构图。

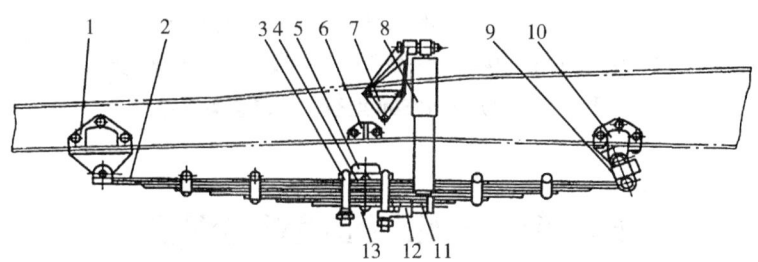

1-钢板弹簧前支架;2-前钢板弹簧;3-U 形螺栓;4-盖板;5-缓冲块;6-限位块;7-减振器上支架;8-减振器;9-吊耳;10-吊耳支架;11-减振器连接销;12-减振器下支架;13-中心螺栓独立悬架

图 3-14 解放 CA1092 汽车的前悬架结构

独立悬架:图 3-15 所示为红旗 CA7500 型轿车的前悬架结构图。

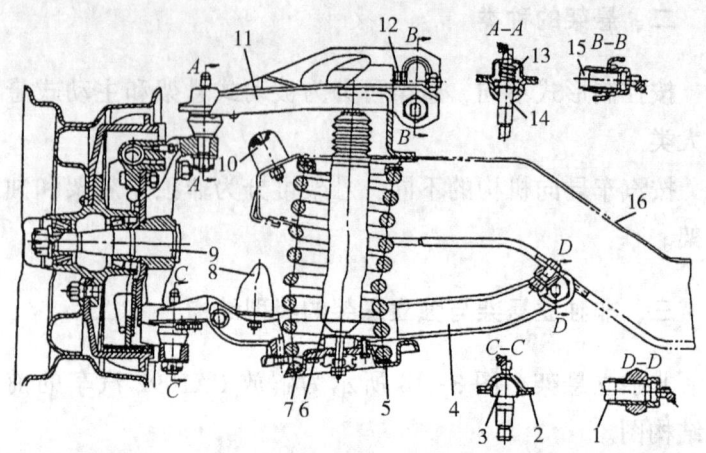

1—下摆臂轴；2—垫片；3—下球头销；4—下摆臂；5—螺旋弹簧；6—筒式减振器；7—橡胶垫圈；8—下缓冲块；9—转向节；10—上缓冲块；11—上摆臂；12—调整垫片；13—弹簧；14—上球头销；15—上摆臂轴；16—车架横梁

图 3-15 红旗 CA7500 型轿车的前悬架结构

第八节 车轮定位检查与调整

一、车轮定位的含义与诊断参数

1. 车轮定位的含义

为了保证汽车直线行驶的稳定性和操纵轻便性，减小轮胎及其他机件的磨损，汽车的转向车轮、转向节和前轴三者与车架安装应保持一定的相对位置关系，这种具有一定相对位置的安装称为转向车轮定位，又称前轮定位。前轮定位包括主销后倾角、主销内倾角、前轮外倾角和前轮前束 4 项内容。有些轿车两个后轮也同样存在后轮与后轴之间安装的相对位置，称为后轮定位。后轮定位包括车轮外倾（角）和后轮前束。前轮定位和后轮定位总称四轮定位。

2. 车轮定位的诊断参数

（1）主销后倾角 γ

安装在前轴上的主销，其上端略向后倾斜，称为主销后倾。在汽车纵向平面内，主销轴线与铅垂线之间的夹角 γ 称为主销后倾角，如图 3-16 所示。主销后倾角的作用是保持汽车直线行驶的稳定性，并使汽车转弯后车轮自动回正。一般为 γ<3°。

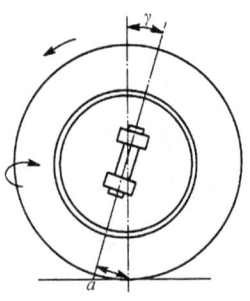

图 3-16　主销后倾

（2）主销内倾角 β

在汽车横向平面内，主销上部向内倾斜称为主销内倾。在横向平面内主销轴线与铅垂线之间的夹角 β，称为主销内倾角图 3-17。主销内倾角的作用：一是使转向轻便；二是使车轮自动回正。主销内倾角一般不大于8°，但在一些发动机前置前轮驱动的轿车上，为了使汽车具有良好的操纵稳定性，其主销内倾角较大。

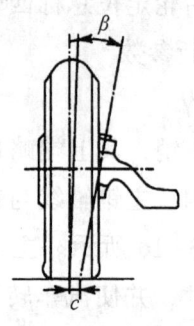

图3-17　主销内倾

（3）前轮外倾角 α

在汽车横向平面内，前轮中心平面向外倾斜一个角度，称为前轮外倾角 α，如图3-18所示。前轮外倾角的作用是提高转向操纵轻便性和车轮工作安全性。现代汽车前轮外倾角一般设计在1°左右。某些车辆甚至采用负外倾角。

（4）车轮前束

汽车两个前轮的旋转平面不平行，前端略向内收，称为前束，两轮前端距离为 B，后端距离为 A，其差值即为前束值，如图3-19所示。前轮前束的作用是减小或消除汽车前进中因车轮外倾和纵向阻力致使车轮前端向外滚开而造成滑移。前束的调整通过改变横拉杆的长度来调整。

由于各汽车生产厂家对四轮定位原设计、制造的不同，

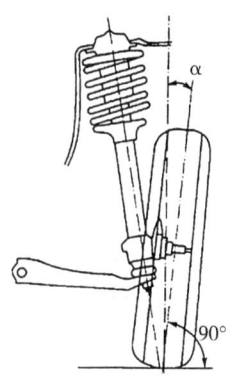

图 3-18 前轮外倾

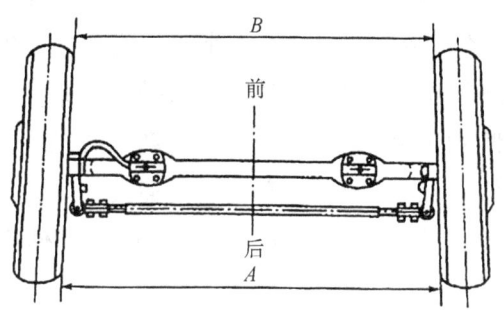

图 3-19 车轮前束

使得各轮的各种倾角和束值就各有不同，并且有可调部分和不可调部分之分。四轮定位检测就是通过车轮定位仪，检测出被测车辆的各车轮定位参数值，是否符合原厂标准，如不符合则做相应调整。一般新车在驾驶 3 个月后就应做四轮定位，以后每行驶 10 000km 换轮胎或减振器、发生碰撞后都应及时做四轮定位。

二、车轮定位调整方法

1. 主销后倾角的调整

非独立悬架主销后倾角一般不可调整,独立悬架主销后倾角的调整方法因车型而异。双横臂式独立悬架的调整一般是通过调整横臂销处垫片,使横臂沿车身纵向产生位移,从而改变主销后倾角。

2. 主销内倾角的调整

对于不同的悬架,主销内倾角的调整方式不同。非独立悬架的车轴左右两端的转向节主销孔轴线有固定的内倾角度值,内倾角不符合规定时,需对前轴进行校正。对于独立悬架的汽车,主销内倾角可通过调整摆臂长度来实现。有的车型的摆臂轴为偏心轴,可松开螺母转动偏心轴来改变摆臂长度,从而改变主销内倾角;有的则是通过垫片来调整,通过增减摆臂支架与车架(车身)垫片,使摆臂伸出长度发生变化。

3. 车轮外倾角的调整

主销内倾角和车轮外倾角是由转向节的结构确定的,因此,调整过车轮外倾角后,主销内倾角也就随之确定下来,不需另作调整。如主销内倾角符合要求,车轮外倾角却不符合规定时,需检查轮毂轴承是否松旷、转向节铜套是否磨损和转向节轴是否变形等,根据故障情况予以修复或更换。

4. 车轮前束的调整

车轮前束值的大小，可通过改变转向梯形机构的横拉杆长度来实现。调整时，需先松开横拉杆锁紧螺母，然后用管钳转动调整螺母套管，该套管左右两端螺旋线方向相反，转动时使横拉杆向两端伸长或缩短，依此来调节横拉杆的长度。

第九节　驻车制动器维修

一、驻车制动器的分类、结构与工作原理

驻车制动器又称手制动器，其主要作用是使汽车停放可靠，便于在坡道上起步，并可在行车制动器失效后临时使用或配合行车制动器进行紧急制动。

1. 驻车制动器的分类

按驻车制动器的安装位置，可分为中央制动式和车轮制动式两种。中央制动式通常安装在变速器的后面，其制动力矩作用在传动轴上；车轮制动式通常与车轮制动器共用一个制动器总成，只是传动机构是相互独立的。

按驻车制动器的结构形式，可分为鼓式、盘式和带式。

2. 鼓式驻车制动器的结构与工作原理

（1）结构

鼓式驻车制动器的基本结构与前面所述的车轮制动器相同，常用的有凸轮张开式和自动增力式两种。

图 3-20 所示为东风 EQ1092 型汽车凸轮张开式驻车制

动器结构示意图。它主要由驻车制动操纵杆、左右制动蹄、凸轮及凸轮轴、摆臂、拉杆、摇臂等机件组成。制动鼓通过螺栓与变速器第二轴的凸缘盘紧固在一起，制动底板固定在变速器后端壳体上。两制动蹄通过偏心支承销支在制动底板上，其上端装有滚轮，在回位弹簧的作用下，滚轮紧靠在凸轮的两侧。凸轮轴支承在制动底板的上部，轴外端与摆臂连接，摆臂的另一端与拉杆相连。拉杆的上端装有球面调整螺母和锁紧螺母，下端与摇臂一端铰接。摇臂中部用销子与变速器壳体连接并作为支点，另一端连接拉丝软轴。拉丝软轴的上端连接操纵杆。

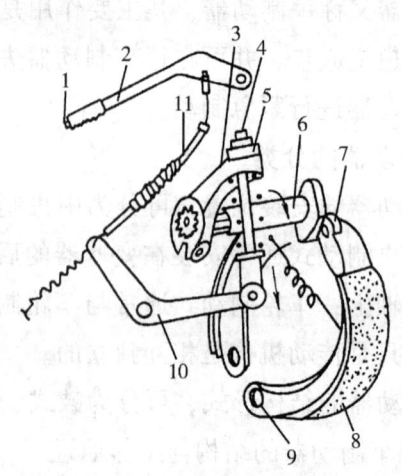

1-按钮；2-操纵杆；3-摆臂；4-拉杆；5-调整螺母；6-凸轮轴；7-滚轮；8-制动蹄；9-偏心支承销；10-摇臂；11-拉丝软轴

图3-20 东风EQ1092型汽车凸轮张开式驻车制动器结构示意图

(2) 工作原理

制动时，拉动操纵杆，通过拉丝软轴使摇臂绕支承销顺时针转动，拉杆通过摆臂带动凸轮轴转动，使两制动蹄张开与制动鼓压紧而产生制动，用棘爪和齿扇锁住操纵杆，保持制动状态。

解除制动时，按下棘爪按钮，将操纵杆推向前的极限位置，两制动蹄片在回位弹簧作用下回位，解除制动。

制动蹄片与制动鼓的间隙通过可调拉杆上的调整螺母进行调整，若间隙过大，需调整摆臂与凸轮的相对位置。

3. 蹄盘式驻车制动器的结构与工作原理

蹄盘式驻车制动器有散热性好、摩擦片更换方便、安全可靠、使用寿命长等优点。

(1) 结构

图3-21所示为蹄盘式驻车制动器示意图。制动蹄支架用螺栓固定在变速器壳体后壁。铸铁的通风式制动盘用螺栓与变速器第二轴后端的凸缘盘连接。制动蹄通过销轴与制动蹄臂、支架、拉杆臂连接，并利用拉簧和定位弹簧使制动蹄和制动盘之间保持一定的间隙。驻车制动杆用销轴与固定于变速器壳上的齿扇及传动拉杆铰接，其下端装有棘爪，利用棘爪拉杆和手柄上的弹簧，能将制动器锁止在某一位置。

(2) 工作原理

不制动时，驻车制动杆处于最前位置。在定位弹簧及拉簧的作用下，两制动蹄摩擦片与制动盘之间保持一定间隙，制动器无制动作用。

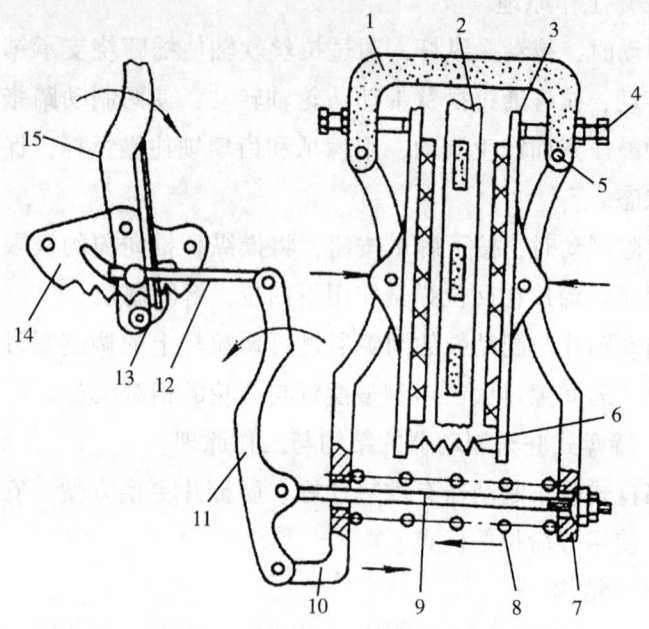

1-制动蹄支架；2-通风式制动盘；3-制动蹄；4-调整螺钉；5-销；6-拉簧；7-后制动蹄臂；8-定位弹簧；9-蹄臂拉杆；10-前制动蹄臂；11-拉杆臂；12-传动拉杆；13-棘爪；14-齿扇；15-驻车制动杆

图3-21 蹄盘式驻车制动器示意图

制动时，将制动杆上端向后扳动，传动拉杆前移，使拉杆臂逆时针方向摆动，推动前制动蹄臂后移压向制动盘。同时通过蹄臂拉杆拉动后制动蹄臂压缩定位弹簧，使后制动蹄前移，两制动蹄即夹紧制动盘，产生制动作用，并由棘爪将手制动杆锁止在制动位置。

解除制动时，按下制动杆上端的拉杆按钮，使下端棘爪脱出，然后将制动杆扳向最前端位置，前、后两蹄在定位弹簧作用下回位到不制动位置。

二、驻车制动器检修技术要求

①制动蹄摩擦片铆钉头埋入深度不小于 0.50mm，无裂纹、油污及烧焦等现象。

②制动蹄及制动鼓无裂纹，表面无油污。

③制动蹄回位弹簧无裂纹及弹力无明显下降现象。

④手制动操纵杆从放松的极限位置往上拉，应具有两响的自由行程，第三响开始有制动，第五响汽车应能在规定的坡道上停车。

第四章 汽车电气设备维修

第一节 启动机检修

一、启动机分类与工作原理

1. 启动机分类

启动机一般可分为 3 类。

①电磁操纵（强制啮合）式，这是最常见的一种方式。

②永磁式启动机，其电动机磁极为永久磁铁，简化了启动机结构，提高了使用寿命。

③减速启动机，其传动机构内装有减速齿轮，能进一步提高启动力矩。

2. 启动机工作原理

启动机主要由直流电动机、传动机构和电磁控制开关组成。

（1）直流电动机

启动机使用直流串激式电动机，其内部励磁绕组和电枢绕组串联，在启动时能提供最大的扭矩，带动发动机转动。

(2) 传动机构

传动机构主要由单向离合器和传动拨叉组成。部分启动机还具有减速传动装置。在发动机启动时,传动机构保证启动机与发动机飞轮齿圈啮合,带动发动机转动。启动后又能顺利地自动脱离啮合。

(3) 电磁控制开关

开关内有吸拉线圈和保位线圈,当启动电路接通时,吸拉线圈和保位线圈产生吸力,驱动主触盘与主接柱接合,接通启动机主电路。同时,驱动拨叉工作,使单向离合器与发动机相啮合。

二、启动机性能参数

1. 启动机空载性能参数

启动机空载性能是指启动机不带负荷,接通电源,所测量启动机的空载转速和启动电流。启动机型号不一样,其空载性能参数也有所不同。例如,桑塔纳轿车所用的QD1225启动机,空载转速不低于5 000r/min,电流不大于45A;而对微型车启动机而言,由要求空载车速不低于3 500r/min,启动电流不大于50A。

2. 启动机全制动性能参数

启动机全制动性能是指启动机全制动时的电流和转矩。同样,启动机型号不一样,其性能参数也不一样。如桑塔纳轿车所用的QD1225启动机,全制动时,电压为7V,电流不大于480A,转矩不小于13N·m;而对微型车启动机而言,由要求全制动电压为 8.5V，电流不大于 480A，转矩不小于 11N·m。

3. 启动机标准电压和功率

启动机电压标准分为 12V 和 24V。启动机型号不一样，功率也不一样。如一般轿车的启动机功率为 2~3W，而微型车的启动机功率则不到 1W。

第二节　发电机检修

一、发电机与调节器工作原理

1. 交流发电机工作原理

转子总成上有激磁绕组，当接通激磁绕组回路时，在发电机中产生一个旋转变化的磁场。定子总成中有一个呈星形连接的三相定子绕组，在变化的磁场中产生出三相交流电。整流器由 6 个二极管组成，根据二极管中心引线的极性，分为 3 个正二极管和 3 个负二极管。6 个二极管组成一个桥式整流电路，将定子总成产生的三相交流电转化为直流电，作为发电机的输出电压。

2. 交流发电机调压原理

为了维持发电机输出电压的恒定，发电机激磁回路中需加入电压调节器，在发电机工作时，通过接通和切断激磁回路来保持发电机输出电压的稳定。目前广泛采用的是集成电路调压器。根据安装位置不一样，可分为内装式（装于发电机内）和外装式两种。按其搭铁形式又可分为内搭铁和外搭铁两种，选用时，调压器的搭铁极性和电压等级必须与发电机相一致。

二、发电机性能参数

发电机的性能参数包括发电机的标定电压、调节电压额定功率和额定转速等。目前，汽车上应用的发电机的标定电压主要有 14V 和 28V 两种，其调节电压分别为 13.5~14.5V 和 27.5~28.5V。发电机型号不同，其额定功率和额定转速也不一样，一般来说，14V 发电机的功率接近 1 000W，额定转速为 800~1 000r/min。

第三节　空调制冷系统检修

一、汽车空调系统分类与组成

1. 空调系统分类

现在汽车广泛使用的空调制冷系统主要有以下两种方式：孔管-积累器式制冷系统和膨胀阀储液干燥器式制冷系统，如图 4-1 和图 4-2 所示。

2. 空调系统组成

汽车空调系统主要由压缩机、冷凝器、储液干燥器（或积累器）、膨胀阀（或孔管）蒸发器和电气控制系统等组成。它们由以下 3 种管道连成制冷系统。

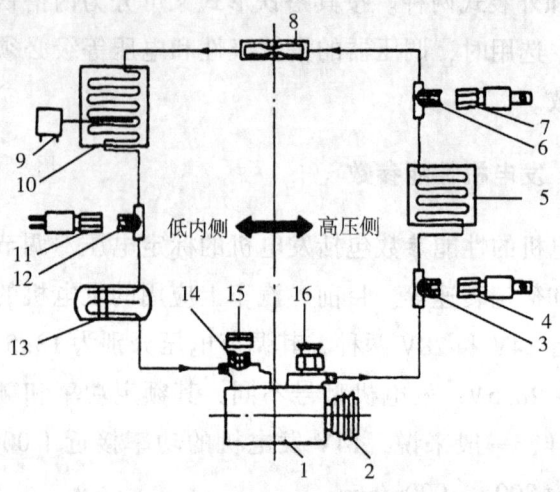

1-压缩机；2-电磁离合器；3、6、12、14-单向阀；4-高压保护开关；5-冷凝器板；7-高压调整开关；8-孔管具；9-防霜开关；10-蒸发器；11-低压保护开关；12-积累器；13-堵塞

图4-1 孔管-积累器式制冷系统汽车空调

高压蒸气软管：用于连接压缩机和冷凝器。
高压液体管路：用于连接冷凝器和蒸发器。
低压蒸气软管：用于连接蒸发器和压缩机。

二、制冷剂分类

汽车制冷剂的冷媒主要有 R12 和 R134a 两种。R12 可导致大气臭氧层的破坏，因此，R12 已经被禁止使用。目前广泛采用的制冷剂为 R134a。

R134a 分子式为 CH_2FCF_3（四氟乙烷），其毒性非常低，

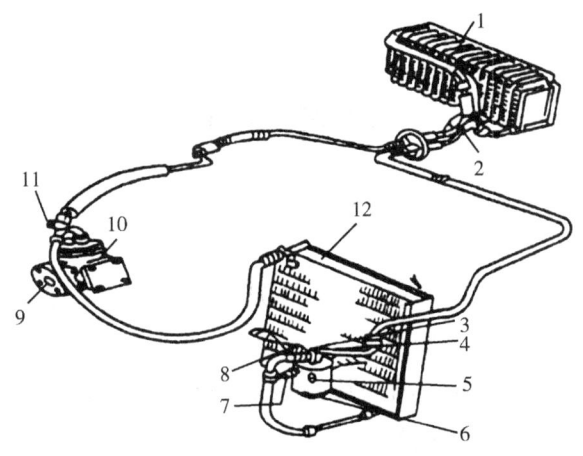

1-蒸发器；2-膨胀阀；3-窥视孔；4-易熔塞；5、11-充放气阀；6-储液干燥器；7-低压开关；8-高压开关；9-电磁离合器；10-压缩机；12-冷凝器

图 4-2 膨胀阀储液干燥器式制冷系统汽车空调

在空气中不可燃，安全类别为 A_1，是很安全的制冷剂。R134a 的化学稳定性很好，然而由于它溶水性比 R22 高，所以对制冷系统不利，即使有少量水分存在，在润滑油等作用下，将会产生酸、二氧化碳或一氧化碳，将对金属产生腐蚀作用，或产生"镀铜"作用，所以，R134a 对系统的干燥性和清洁度要求更高。

参考文献

刘仲国,2015. 现代汽车检测与诊断［M］. 2版. 北京：人民交通出版社.

闵永军,2004. 汽车故障诊断与维修技术［M］. 北京：高等教育出版社.

孙志成,2007. 汽车发动机构造与维修［M］. 北京：金盾出版社.

张吉国,2007. 汽车修理工：高级［M］. 北京：中国劳动社会保障出版社.

张凯良,2002. 汽车修理工：初级技能中级技能高级技能［M］. 北京：中国劳动社会保障出版社.

张宪,2001. 现代汽车电器电控维修技术问答［M］. 北京：化学工业出版社.

赵捷,2001. 汽车修理工（中级）［M］. 北京：中国劳动社会保障出版社.

祖国海,2009. 汽车修理工（高级）考前辅导［M］. 北京：机械工业出版社.